国家科技基础性工作专项项目
国家"十二五"重点出版物出版规划项目

中国农业气候资源图集

综合卷

总主编 梅旭荣

主编 冯利平 李玉娥 毛 飞

浙江出版联合集团　浙江科学技术出版社

图书在版编目(CIP)数据

中国农业气候资源图集. 综合卷 / 梅旭荣总主编；冯利平,李玉娥,毛飞主编. —杭州：浙江科学技术出版社,2015.10

ISBN 978-7-5341-6758-4

Ⅰ.①中… Ⅱ.①梅…②冯…③李…④毛… Ⅲ.①农业气象—气候资源—中国—图集 Ⅳ.①S162.3-64

中国版本图书馆 CIP 数据核字(2015)第 142526 号

本图集中国国界线系按照中国地图出版社 1989 年出版的 1：400 万《中华人民共和国地形图》绘制

书　　名	中国农业气候资源图集·综合卷
总 主 编	梅旭荣
主　　编	冯利平　李玉娥　毛　飞
出版发行	浙江科学技术出版社
	杭州市体育场路 347 号　邮政编码：310006
	办公室电话：0571-85176593
	销售部电话：0571-85176040
	网　　址：www.zkpress.com
	E-mail：zkpress@zkpress.com
排　　版	杭州大漠照排印刷有限公司
印　　刷	浙江海虹彩色印务有限公司
经　　销	全国各地新华书店
开　　本	787×1092　1/8　　　印　张　20.5
字　　数	525 000
版　　次	2015 年 10 月第 1 版　　印　次　2015 年 10 月第 1 次印刷
书　　号	ISBN 978-7-5341-6758-4　定　价　320.00 元
审 图 号	GS(2015)2509 号

版权所有　翻印必究

(图书出现倒装、缺页等印装质量问题,本社销售部负责调换)

策划组稿	章建林	责任编辑	朱　园　李亚学		
责任校对	赵　艳	责任美编	金　晖	责任印务	徐忠雷

《中国农业气候资源图集》编委会

总 主 编　梅旭荣

副总主编　王道龙　严昌荣　冯利平　刘布春　霍治国　杨晓光
　　　　　游松财　姚艳敏　白文波

总 编 委　（按姓氏笔画排序）
　　　　　万运帆　王景雷　王道龙　毛　飞　毛丽丽　白文波
　　　　　冯利平　刘　园　刘　勤　刘布春　江才伦　许　娟
　　　　　严昌荣　李　壮　李　敏　李玉娥　李昊儒　杨晓光
　　　　　肖俊夫　何英彬　张立祯　陈仲新　郑大玮　姚艳敏
　　　　　梅旭荣　淳长品　彭良志　程存刚　游松财　霍治国

审　　图　崔读昌　金之庆　郑大玮　成升魁　汪永钦　安顺清
　　　　　毛留喜　钱　拴

《中国农业气候资源图集·综合卷》编写人员

主　　编　冯利平　李玉娥　毛　飞

副 主 编　白文波　许　娟　万运帆

编写人员　（按姓氏笔画排序）
　　　　　万运帆　毛　飞　毛丽丽　白文波　冯利平　刘　园
　　　　　刘布春　许　娟　许吟隆　李玉娥　李昊儒　梅旭荣

贡献作者　伍　洋　黄文霖　姚俊萌　韩　旭　宫志宏　杨　帆
　　　　　高嘉辰

审　　图　崔读昌　金之庆

中国地理底图绘制　浙江省第一测绘院

数字制图　王利军　吴宏海　袁辉林

序言

农作物生长发育离不开光、温、水、气等气候要素。农业气候要素的数量、质量及其时空组合为农作物生长发育提供了必不可少的能量和物质来源,并决定了农作物生长发育进程、生产布局、种植结构和种植制度。与此同时,人类在农作物遗传特性的改良利用、培肥施肥、节水灌溉、防灾减灾等领域的科学技术进步和规模应用,也促使农作物生长发育对气候资源的利用由被动适应转为主动利用,形成了具有明显区域特点的农业生产格局。

20世纪80年代初,崔读昌等编制出版了《中国主要农作物气候资源图集》,比较全面地反映了1951—1980年30年间气候资源与作物生长发育的关系。20世纪80年代以来,全球气候变暖呈现加快的趋势,气候变化已成为不争的事实,光、温、水、气等气候要素及其时空匹配状况发生了明显的变化,对作物的生长发育和产量形成产生了深刻影响,并显著改变了主要农业生态区的种植制度与种植模式。研究和掌握最近30年主要作物种植分区、种植制度和生育期状况,揭示不同时期农业气候资源区域分布及其变化特点,是合理利用农业气候资源,优化种植结构和种植制度布局,科学应对气候变化,提高农业生产力及防灾减灾和趋利避害能力,保障国家粮食安全的农业科技基础性工作。

2007年,国家科技基础性工作专项"中国农业气候资源数字化图集编制"(项目编号:2007FY120100)获科技部立项资助。本项目在1984年编制出版的《中国主要农作物气候资源图集》基础上,选择水稻、小麦、玉米、棉花、大豆、柑橘、苹果和天然牧草为对象,以全国740个气象台站1981—2010年30年的气象数据为基础,整合农业气象试验站资料、灾情调研数据、主要作物生育期调研数据,整编形成了中国农业气候资源数据库(1981—2010年);建立了包括农业气候资源派生指标的生成方法、数据分级规范、数据空间化处理和图示化规范、制图质量控制规范、图集编制规范等在内的制图标准规范,采用1∶400万国家基础地理信息底图,以ArcGIS为系统开发平台,构建了中国农业气候资源数字化制图系统;按主要农作物生育期、农业气候资源、作物光温资源、作物水分资源和农业气象灾害五大类专题内容,分别绘制了数字化样图,经样图校验和专家审阅,编制形成了中国农业气候资源数字化图集(1981—2010年电子图库)。

中国农业气候资源数字化图集的编制,为我国的农业气候资源科学研究、农业生产布局决策和全社会知识普及提供了一个数据可更新、图幅可查阅的共享平台,也为今后针对不同的应用对象和目的编制专门的图集提供了数据、技术和平台支持。为了更好地普及有关知识，及时传播最新科研成果，指导我国现代农业发展，我们从中国农业气候资源数字化图集电子图库中精选了960余幅图，编制成1981—2010年30年"中国农业气候资源图集"系列图书，包括《中国农业气候资源图集·综合卷》《中国农业气候资源图集·作物光温资源卷》《中国农业气候资源图集·作物水分资源卷》《中国农业气候资源图集·农业气象灾害卷》，以及《中国主要农作物生育期图集》。

"中国农业气候资源图集"系列图书是在国家科技基础性工作专项、国家出版基金的资助下，以及中国农业科学院创新工程的支持下编制出版的，包含了几代农业气象科技工作者的心血，凝聚了国内有关单位科学家的智慧，是中国农业科学院农业环境与可持续发展研究所、农业资源与农业区划研究所、农田灌溉研究所、果树研究所、柑橘研究所，以及中国气象科学研究院、中国农业大学、中国科学院地理科学与资源研究所等项目参加单位精诚合作和协同创新的结晶。作物高效用水与抗灾减损国家工程实验室、农业部农业环境重点实验室和农业部旱作节水农业重点实验室对本书的出版提供了智力支持。国内有关院所和大学在作物生育期调查和图集校验过程中提供了无私的帮助。值此系列图集出版之际，谨向所有参加本项目的合作单位和个人表示衷心的感谢！特别感谢项目专家咨询组孙九林、马宗晋、李泽椿、周明煜、郑大玮、张维理等院士和专家对项目实施和系列图集编撰工作的指导。

本系列图集适用于从事农业气候资源利用及相关领域科研和教学人员查阅、共享和二次研发，也可供基层技术人员参考使用，为管理部门制定政策和指导生产提供依据。

由于中国农业气候资源数字化图集编制方面的研究目前还不够系统，我们虽然在图集编制过程中倾尽所能开展工作，但图集中出现各种遗漏和片面之处在所难免，殷切希望广大同仁和读者不吝赐教，给予批评指正，以便今后修订、完善，更好地促进农业气候资源的科学研究和成果共享。

2015年4月

前 言

农业气候资源是为农业生产提供物质与能量的可再生资源,其光、温、水等要素的数量、组成与空间分布状况,在很大程度上决定了农业生产类型、农业生产效率和农业生产潜力。我国地域辽阔,气候类型多样,农业气候资源丰富,但气候变率高、波动大,农业气象灾害频繁发生。20世纪80年代以来,全球气候变暖呈现加快的趋势,光、温、水等农业气候要素及其时空匹配状况发生了明显的变化,极端天气气候事件频率增高、强度加大。因此,科学分析和评估1981—2010年30年来中国农业气候资源的时空分布特征,对高效利用农业气候资源,合理布局农业生产结构,趋利避害,保障农业可持续发展具有十分重要的意义。

《中国农业气候资源图集·综合卷》精选光、温、水等主要农业气候资源要素指标,共编制图幅143幅,包括平均气温、最高气温、最低气温及极端气温、积温等热量指标,总辐射、光合有效辐射及日照百分率等光照指标,降水量、相对湿度、参考作物蒸散量、干湿指数等水分指标,以及不同界限温度、不同保证率下热量、光照和水分指标,以期系统全面地反映1981—2010年30年我国农业气候资源时空分布的特征及变化趋势,为合理调整农业结构与种植布局、科学制定农业生产政策提供依据。

本图集的编制工作由中国农业大学、中国农业科学院农业环境与可持续发展研究所、中国气象科学研究院共同承担,由冯利平、李玉娥、毛飞、白文波、许娟、万运帆、刘布春、毛丽丽、李昊儒、刘园、许吟隆、梅旭荣等编制完成。中国农业科学院崔读昌研究员、江苏省农业科学院金之庆研究员对图集进行了审阅。值此图集出版之际,谨向所有的合作单位以及提供帮助的专家一并致以衷心的感谢。

本书适用于从事农业生产管理、农业政策制定、农业科研和教学等相关工作的科技人员参考使用。

尽管在图集编制过程中我们倾尽所能开展工作,但由于存在数据量大及部分资料缺失的情况,数据整编和图集编制过程中出现不足和遗漏之处在所难免,殷切希望广大同仁和读者不吝赐教,给予批评指正,以便今后修订、完善,更好地为广大读者服务,促进农业气候资源的科学研究和成果共享。

编 者
2015年4月

编制说明

一、编制目的

农业气候资源对农作物布局及其生长发育与产量形成具有重要的意义，其中光、温、水资源具有关键性的作用。我国地域辽阔，气候资源丰富，类型复杂多样，季风性和大陆性气候特征显著，同时农业气象灾害发生频繁。受全球气候变暖等多种因素的影响，我国农业气候资源时空分布发生了明显的改变。为了全面反映光、温、水等气候资源的时空变化特征，我们利用中国气象局中国气象数据网1981—2010年的气象资料，按照确定的制图规范，进行了数据整编、数字制图和图幅校验等工作，编制了《中国农业气候资源图集·综合卷》，以期为高效利用农业气候资源、合理调整农业生产结构、提高农业防灾减灾能力、评估气候变化对我国农业的影响等研究工作提供基础科学数据支撑。

二、资料和数据来源

《中国农业气候资源图集·综合卷》中的气象数据来源于中国气象局中国气象数据网，涵盖全国（除我国香港特区、澳门特区、台湾省和南海诸岛以外）740个气象台站30年（1981—2010年）的逐日气象资料，包括平均温度、最高气温、最低气温、降水量、平均气压、平均水汽压、平均相对湿度、日照时数、平均风速等要素。剔除数据缺测严重的站点和部分高山站点，最终选用592个气象台站的数据作为本卷图集制图的基础数据。

三、数据整编及绘图

制定《中国农业气候资源图集·综合卷》制图规范和标准，包括农业气候资源派生指标生成方法、数据分级规范、数据图示化规范、制图质量控制规范、图集编制规范等。

农业气候资源数据整合：剔除了气象数据连续缺失多于5天的站点及部分孤立的高山站点，线性插补了缺失少于5天的站点数据，最终得到592个站点完整的逐日温度、光照、降水等数据资料。

本卷图集制图指标的计算：对各站点30年平均气温、不同界限温度、不同保证率相关指标进行计算，包括平均气温、日照时数、降水量及其变率、极端气温、持续日数、活动积温、太阳辐射量、光合有效辐射量、日照时数、日照百分率、空气气湿、参考作物蒸散量和干湿指数等指标。

制图与校验:采用1:400万国家基础地理信息底图,以ArcGIS为系统开发平台,采用地理信息系统(GIS)软件的空间分析功能进行气象数据插值、等值线绘制等。依据地形与气候要素的匹配关系,运用独立数据源对比、文献查阅、专家咨询等方法对样图进行分析、修正和验证。

四、图集的应用

本卷图集精选光、温、水等气候资源要素指标,共编制图幅143幅,系统全面地反映了1981—2010年30年我国农业气候资源时空分布的特征及变化趋势,读者可以直接或间接查找各种温度、光能、水分指标(平均气温、最高气温、最低气温及极端气温、积温等热量指标,总辐射、光合有效辐射及日照百分率等光照指标,降水量、参考作物蒸散量、相对湿度、干湿指数等水分指标,以及不同界限温度、不同保证率下热量、光照和水分指标等),比较了30年及各年代我国光、温、水资源时空分布以及变化趋势与特点。同时,根据本图集给出的光、温、水气象要素空间分布,可以了解现有农作物与气候条件的匹配状况,为合理利用农业气候资源提供依据,为农业生产持续高产高效、科学制定农业生产政策提供理论指导。

五、制图指标说明

1. 热量部分（1981—2010年30年和1981—1990年、1991—2000年、2001—2010年10年平均状况）

序号	制图指标	农业含义	计算方法
1	年平均气温	制定农作制度等的主要依据	1—12月各月平均气温累加值除以12
2	年平均最低气温	划分作物种植界限的重要依据	1—12月各月平均最低气温累加值除以12
3	年平均最高气温	划分作物种植界限的重要依据	1—12月各月平均最高气温累加值除以12
4	气温日较差的年平均值	作物产量与品质的参考依据	年逐日气温日较差累加值除以年日数
5	平均气温年较差	划分作物种植界限的重要依据	最冷月和最热月平均气温的差值
6	极端最低气温	鉴定作物冻害、种植界限的重要依据	在30年的极值中挑取最低气温
7	极端最高气温	鉴定作物热害、种植界限的重要依据	在30年的极值中挑取最高气温
8	年平均极端最低气温	划分作物种植界限的重要依据	历年极端最低气温累加值除以年数
9	年平均极端最高气温	作物布局的重要依据	历年极端最高气温累加值除以年数
10	平均负积温	越冬作物安全越冬的重要依据	低于0℃期间的日平均气温累加值
11	界限气温(0℃、5℃、10℃、15℃、20℃)初、终日80%保证率出现日序	作物布局及鉴定灾害发生的重要依据	30年的界限气温(0℃、5℃、10℃、15℃、20℃)初日和终日出现频率为80%的日序
12	日平均气温稳定通过0℃初、终日日序	部分多年生作物与喜凉作物生长的起止气温,喜凉作物播种起始气温	5日滑动平均值为0℃时的日序

续表

序号	制图指标	农业含义	计算方法
13	日平均气温稳定通过0℃日数	部分多年生作物与喜凉作物的种植依据	日平均气温≥0℃终日日序减去日平均气温≥0℃初日日序,再加1天
14	日平均气温稳定通过0℃期间积温	划分作物种植界限与作物布局的重要依据	≥0℃期间的日平均气温累积值
15	日平均气温稳定通过5℃初、终日日序	部分多年生作物与喜凉作物的种植依据	5日滑动平均值为5℃时的日序
16	日平均气温稳定通过5℃日数	划分作物种植界限与作物布局的重要依据	日平均气温≥5℃终日日序减去日平均气温≥5℃初日日序,再加1天
17	日平均气温稳定通过5℃期间活动积温	划分作物种植界限与作物布局的重要依据	≥5℃期间的日平均气温累积值
18	日平均气温稳定通过5℃期间有效积温	划分作物种植界限与作物布局的重要依据	≥5℃期间的日平均有效气温总和。日平均有效气温=日平均气温-5
19	日平均气温稳定通过10℃初、终日日序	喜凉作物积极生长气温,喜温作物生长起始和终止气温	5日滑动平均值为10℃时的日序
20	日平均气温稳定通过10℃日数	喜温作物生长发育期	日平均气温≥10℃终日日序减去日平均气温≥10℃初日日序,再加1天
21	日平均气温稳定通过10℃期间活动积温	划分作物种植界限与作物布局的重要依据	≥10℃期间的日平均气温累积值
22	日平均气温稳定通过10℃期间有效积温	划分作物种植界限与作物布局的重要依据	≥10℃期间的日平均有效气温总和。日平均有效气温=日平均气温-10
23	日平均气温稳定通过15℃初、终日日序	划分作物种植界限与作物布局的重要依据	5日滑动平均值为15℃时的日序
24	日平均气温稳定通过15℃日数	划分作物种植界限与作物布局的重要依据	日平均气温≥15℃终日日序减去日平均气温≥15℃初日日序,再加1天
25	日平均气温稳定通过15℃期间活动积温	划分作物种植界限与作物布局的重要依据	≥15℃期间的日平均气温累积值
26	日平均气温稳定通过15℃期间有效积温	划分作物种植界限与作物布局的重要依据	≥15℃期间的日平均有效气温总和。日平均有效气温=日平均气温-15
27	日平均气温稳定通过20℃初、终日日序	喜温作物种植布局的重要依据	5日滑动平均值为20℃时的日序
28	日平均气温稳定通过20℃日数	喜温作物种植布局的重要依据	日平均气温≥20℃终日日序减去日平均气温≥20℃初日日序,再加1天
29	日平均气温稳定通过20℃期间活动积温	喜温作物种植布局的重要依据	≥20℃期间的日平均气温累积值
30	日平均气温稳定通过20℃期间有效积温	喜温作物种植布局的重要依据	≥20℃期间的日平均有效气温总和。日平均有效气温=日平均气温-20
31	日平均气温稳定通过20℃终日最早出现日期	喜温作物冷害发生的重要依据	日平均气温≥20℃终日出现日序中的最早值
32	日最高气温≥35℃出现日数	作物热害发生的重要依据	日最高气温高于35℃出现日的累积值

2. 光能部分（1981—2010 年 30 年平均状况）

序号	制图指标	农业含义	计算方法
1	年平均最大晴天辐射量	影响农作物光合生产潜力的主要因素	不同年份在晴天条件下最大辐射量的平均值
2	不同时段年平均总辐射量	评价不同地区、不同时段光能资源状况的重要依据	不同时段的年总辐射量（到达地面的直接和散射太阳辐射之和）的平均
3	不同界限温度期间的总辐射量	评价不同农作物、不同生育期期间光能资源状况的重要指标	$\sum_{i=n_1}^{n_2} R_i$，R_i 为多年平均日总辐射量，n_1、n_2 分别为稳定通过某一界限温度的起始日序和终止日序
4	光合有效辐射量	决定农作物光合作用的主要光谱波段	光合有效辐射（PAR）=太阳总辐射×47%
5	不同界限温度期间的光合有效辐射量	评价不同农作物稳定通过不同界限温度期间的有效光能指标	$\sum_{i=n_1}^{n_2} PAR_i$，PAR_i 为多年平均日光合有效辐射量，n_1、n_2 分别为稳定通过某一界限温度的起始日序和终止日序
6	年平均日照时数	评价地区辐射资源的一个重要指标，也是影响农作物的开花、块根与块茎的形成、叶的脱落和芽的休眠的主要因素之一	不同年份日照时数的多年平均值
7	不同界限温度期间的日照时数	评价不同农作物、不同生育期辐射资源的一个指标，也是影响农作物的开花、块根与块茎的形成、叶的脱落和芽的休眠的主要因素之一	$\sum_{n_1}^{n_2} S_i$，n_1、n_2 分别为稳定通过某一界限温度的起始日序和终止日序，S_i 为多年平均每日实际日照时数
8	年平均日照百分率	评价地区辐射资源的一个重要指标	$\dfrac{\sum S_i}{\sum DL_i} \times 100\%$，$S_i$ 为多年平均每日实际日照时数，DL_i 为多年平均每日可照时数
9	不同界限温度期间的日照百分率	评价不同农作物、不同生育期辐射资源的一个指标，也是影响农作物的开花、块根与块茎的形成、叶的脱落和芽的休眠的主要因素之一	$\dfrac{\sum_{n_1}^{n_2} S_i}{\sum_{n_1}^{n_2} DL_i} \times 100\%$，$n_1$、$n_2$ 分别为稳定通过某一界限温度的起始日序和终止日序，其他同上

3. 水分部分（1981—2010 年 30 年平均状况）

序号	制图指标	农业含义	计算方法
1	年平均春季（3—5月）降水量	评价一个地区春季水分来源的指标之一	先统计历年 3—5 月降水总量，再计算 30 年平均值
2	年平均夏季（6—8月）降水量	评价一个地区夏季水分来源的指标之一	先统计历年 6—8 月降水总量，再计算 30 年平均值
3	年平均秋季（9—11月）降水量	评价一个地区秋季水分来源的指标之一	先统计历年 9—11 月降水总量，再计算 30 年平均值
4	年平均冬季（12月—翌年2月）降水量	评价一个地区冬季水分来源的指标之一	先统计历年 12 月、1 月、2 月降水总量，再计算 30 年平均值

续表

序号	制图指标	农业含义	计算方法
5	不同保证率（5%、25%、50%、75%、95%）的年降水量	5%、25%、50%、75%、95%保证率的降水分别代表二十年一遇、四年一遇、平均状况、四年三遇和二十年十九遇的降水量，是农业用水管理的重要依据	$p = m/(n+1) \times 100\%$ 或 $m = p \times (n+1)$ 式中，p 为降水量保证率；m 为样本从大到小排列的序号；n 为总年数。不同保证率下 n 年的降水量即为不同保证率的年降水量
6	日平均气温稳定通过0℃期间的降水量	多数农作物生长发育期间的水分条件指标之一	$P_0 = \dfrac{1}{n}\sum_{i=1}^{n}\sum_{j=n_{1_i}}^{n_{2_i}} P_{i,j}$ 式中，P_0 为30年日平均气温稳定通过0℃期间的降水量；n_{1_i}、n_{2_i} 分别为第 i 年稳定通过0℃的起始日序和终止日序；$P_{i,j}$ 为第 i 年第 j 日序的日降水量；n 为总年数
7	日平均气温稳定通过10℃期间的降水量	喜温作物生长发育和喜凉作物积极生长期间的水分条件指标之一	计算方法同"日平均气温稳定通过10℃期间的降水量"
8	日平均气温稳定通过15℃期间的降水量	喜温作物生长发育期间的水分条件之一	计算方法同"日平均气温稳定通过15℃期间的降水量"
9	日平均气温稳定通过20℃期间的降水量	喜温作物积极生长期间的水分条件指标之一	计算方法同"日平均气温稳定通过20℃期间的降水量"
10	年平均春季、夏季、秋季、冬季降水量相对变率	一个地区春季（3—5月）、夏季（6—8月）、秋季（9—11月）和冬季（12月—翌年2月）作物水分条件的年际波动程度	$V = \dfrac{1}{n}\sum_{i=1}^{n}\dfrac{|P_i - \bar{P}|}{\bar{P}} \times 100\%$ 式中，V 为30年年平均春季、夏季、秋季或冬季降水量相对变率；P_i 分别为第 i 年春季、夏季、秋季或冬季降水量；$\bar{P}$ 分别为30年年平均春季、夏季、秋季和冬季降水量；n 为总年数
11	年平均降水量相对变率	一个地区全年作物水分条件的年际波动程度	计算方法同"年平均春季、夏季、秋季、冬季降水量相对变率"
12	日平均气温稳定通过界限温度（0℃、10℃、15℃、20℃）期间的降水量相对变率	一个地区与作物热量条件相联系的作物水分条件的年际波动程度	$V = \dfrac{1}{n}\sum_{i=n_1}^{n_2}\dfrac{|P_i - \bar{P}|}{\bar{P}} \times 100\%$ 式中，n_1 和 n_2 分别为界限温度（0℃、10℃、15℃、20℃）起止日序，其他同上
13	年平均干湿指数	农田收入水分（降水量）与其可能支出水分（参考作物蒸散量）之比，是衡量农田水分收支的指标	$DWI = \dfrac{1}{n}\sum_{i=1}^{n}\dfrac{P_i}{ET_{0i}}$ 式中，DWI 为30年年平均干湿指数；P_i 为第 i 年年降水量；ET_{0i} 为第 i 年年潜在蒸散量；n 为总年数
14	日平均气温稳定通过界限温度（0℃、10℃、15℃、20℃）期间的干湿指数	与作物热量指标相联系的农田水分收支指标	计算公式同"年平均干湿指数"，其中 P_i 和 ET_{0i} 分别为第 i 年日平均气温稳定通过界限温度（0℃、10℃、15℃、20℃）期间的降水量和潜在蒸散量

续表

序号	制图指标	农业含义	计算方法
15	年平均参考作物蒸散量	作物水分条件之一，是一个地区参考作物水分最大支出量	选用FAO（1998）Penman–Monteith公式（Allen R. G.等，1998）计算逐日参考作物蒸散量，统计历年和30年年平均参考作物蒸散量
16	日平均气温稳定通过界限温度（0℃、10℃、15℃、20℃）期间的参考作物蒸散量	与作物热量指标相联系的年参考作物蒸散量	$ET_{00} = \frac{1}{n} \sum_{i=1}^{n} \sum_{j=n_{1_i}}^{n_{2_i}} ET_{0i,j}$ 式中，ET_{00}为30年日平均气温稳定通过0℃期间的参考作物蒸散量；n_{1_i}、n_{2_i}分别为第i年稳定通过界限温度（0℃、10℃、15℃、20℃）的起始日序和终止日序；$ET_{0i,j}$为第i年第j日序的日参考作物蒸散量；n为总年数
17	年平均空气相对湿度	作物水分环境条件之一	先统计历年逐月平均空气相对湿度，再计算历年和30年平均值

目录 MU LU

- 10年年平均气温分布图（1981—1990年） …… 001
- 10年年平均气温分布图（1991—2000年） …… 002
- 10年年平均气温分布图（2001—2010年） …… 003
- 30年年平均气温分布图（1981—2010年） …… 004
- 10年年平均最低气温分布图（1981—1990年） …… 005
- 10年年平均最低气温分布图（1991—2000年） …… 006
- 10年年平均最低气温分布图（2001—2010年） …… 007
- 30年年平均最低气温分布图（1981—2010年） …… 008
- 10年年平均最高气温分布图（1981—1990年） …… 009
- 10年年平均最高气温分布图（1991—2000年） …… 010
- 10年年平均最高气温分布图（2001—2010年） …… 011
- 30年年平均最高气温分布图（1981—2010年） …… 012
- 10年气温日较差的年平均值分布图（1981—1990年） …… 013
- 10年气温日较差的年平均值分布图（1991—2000年） …… 014
- 10年气温日较差的年平均值分布图（2001—2010年） …… 015
- 30年气温日较差的年平均值分布图（1981—2010年） …… 016
- 30年平均气温年较差分布图（1981—2010年） …… 017
- 30年极端最低气温分布图（1981—2010年） …… 018
- 30年极端最高气温分布图（1981—2010年） …… 019
- 30年年平均极端最低气温分布图（1981—2010年） …… 020
- 30年年平均极端最高气温分布图（1981—2010年） …… 021
- 10年平均负积温分布图（1981—1990年） …… 022
- 10年平均负积温分布图（1991—2000年） …… 023
- 10年平均负积温分布图（2001—2010年） …… 024
- 30年平均负积温分布图（1981—2010年） …… 025
- 30年界限温度（0℃）初日80%保证率出现日序分布图（1981—2010年） …… 026
- 30年界限温度（0℃）终日80%保证率出现日序分布图（1981—2010年） …… 027

- 30年界限温度(5℃)初日80%保证率出现日序分布图(1981—2010年)··················028
- 30年界限温度(5℃)终日80%保证率出现日序分布图(1981—2010年)··················029
- 30年界限温度(10℃)初日80%保证率出现日序分布图(1981—2010年)·················030
- 30年界限温度(10℃)终日80%保证率出现日序分布图(1981—2010年)·················031
- 30年界限温度(15℃)初日80%保证率出现日序分布图(1981—2010年)·················032
- 30年界限温度(15℃)终日80%保证率出现日序分布图(1981—2010年)·················033
- 30年界限温度(20℃)初日80%保证率出现日序分布图(1981—2010年)·················034
- 30年界限温度(20℃)终日80%保证率出现日序分布图(1981—2010年)·················035
- 10年日平均气温≥0℃初日日序分布图(1981—1990年)··················036
- 10年日平均气温≥0℃初日日序分布图(1991—2000年)··················037
- 10年日平均气温≥0℃初日日序分布图(2001—2010年)··················038
- 30年日平均气温≥0℃初日日序分布图(1981—2010年)··················039
- 10年日平均气温≥0℃终日日序分布图(1981—1990年)··················040
- 10年日平均气温≥0℃终日日序分布图(1991—2000年)··················041
- 10年日平均气温≥0℃终日日序分布图(2001—2010年)··················042
- 30年日平均气温≥0℃终日日序分布图(1981—2010年)··················043
- 10年日平均气温≥0℃日数分布图(1981—1990年)··················044
- 10年日平均气温≥0℃日数分布图(1991—2000年)··················045
- 10年日平均气温≥0℃日数分布图(2001—2010年)··················046
- 30年日平均气温≥0℃日数分布图(1981—2010年)··················047
- 10年日平均气温≥0℃积温分布图(1981—1990年)··················048
- 10年日平均气温≥0℃积温分布图(1991—2000年)··················049
- 10年日平均气温≥0℃积温分布图(2001—2010年)··················050
- 30年日平均气温≥0℃积温分布图(1981—2010年)··················051
- 30年日平均气温≥5℃初日日序分布图(1981—2010年)··················052
- 30年日平均气温≥5℃日数分布图(1981—2010年)··················053
- 30年日平均气温≥5℃终日日序分布图(1981—2010年)··················054
- 30年日平均气温≥5℃活动积温分布图(1981—2010年)··················055
- 30年日平均气温≥5℃有效积温分布图(1981—2010年)··················056
- 30年日平均气温≥10℃初日日序分布图(1981—2010年)··················057
- 30年日平均气温≥10℃日数分布图(1981—2010年)··················058

- 30年日平均气温≥10℃终日日序分布图（1981—2010年）······059
- 10年日平均气温≥10℃活动积温分布图（1981—1990年）······060
- 10年日平均气温≥10℃活动积温分布图（1991—2000年）······061
- 10年日平均气温≥10℃活动积温分布图（2001—2010年）······062
- 30年日平均气温≥10℃活动积温分布图（1981—2010年）······063
- 10年日平均气温≥10℃有效积温分布图（1981—1990年）······064
- 10年日平均气温≥10℃有效积温分布图（1991—2000年）······065
- 10年日平均气温≥10℃有效积温分布图（2001—2010年）······066
- 30年日平均气温≥10℃有效积温分布图（1981—2010年）······067
- 30年日平均气温≥15℃初日日序分布图（1981—2010年）······068
- 30年日平均气温≥15℃日数分布图（1981—2010年）······069
- 30年日平均气温≥15℃终日日序分布图（1981—2010年）······070
- 30年日平均气温≥15℃活动积温分布图（1981—2010年）······071
- 30年日平均气温≥15℃有效积温分布图（1981—2010年）······072
- 30年日平均气温≥20℃终日最早出现日序分布图（1981—2010年）······073
- 30年日平均气温≥20℃初日日序分布图（1981—2010年）······074
- 30年日平均气温≥20℃日数分布图（1981—2010年）······075
- 30年日平均气温≥20℃终日日序分布图（1981—2010年）······076
- 30年日平均气温≥20℃活动积温分布图（1981—2010年）······077
- 30年日平均气温≥20℃有效积温分布图（1981—2010年）······078
- 10年日最高气温≥35℃出现日数分布图（1981—1990年）······079
- 10年日最高气温≥35℃出现日数分布图（1991—2000年）······080
- 10年日最高气温≥35℃出现日数分布图（2001—2010年）······081
- 30年日最高气温≥35℃出现日数分布图（1981—2010年）······082
- 30年年平均最大晴天辐射量分布图（1981—2010年）······083
- 10年年平均总辐射量分布图（1981—1990年）······084
- 10年年平均总辐射量分布图（1991—2000年）······085
- 10年年平均总辐射量分布图（2001—2010年）······086
- 30年年平均总辐射量分布图（1981—2010年）······087
- 30年日平均气温≥0℃期间的总辐射量分布图（1981—2010年）······088
- 30年日平均气温≥5℃期间的总辐射量分布图（1981—2010年）······089

- 30年日平均气温≥10℃期间的总辐射量分布图（1981—2010年） ……………………… 090
- 30年日平均气温≥15℃期间的总辐射量分布图（1981—2010年） ……………………… 091
- 30年日平均气温≥20℃期间的总辐射量分布图（1981—2010年） ……………………… 092
- 30年年平均光合有效辐射量分布图（1981—2010年） ………………………………… 093
- 30年日平均气温≥0℃期间的光合有效辐射量分布图（1981—2010年） ……………… 094
- 30年日平均气温≥5℃期间的光合有效辐射量分布图（1981—2010年） ……………… 095
- 30年日平均气温≥10℃期间的光合有效辐射量分布图（1981—2010年） …………… 096
- 30年日平均气温≥15℃期间的光合有效辐射量分布图（1981—2010年） …………… 097
- 30年日平均气温≥20℃期间的光合有效辐射量分布图（1981—2010年） …………… 098
- 30年年平均日照时数分布图（1981—2010年） ………………………………………… 099
- 30年日平均气温≥0℃期间的日照时数分布图（1981—2010年） ……………………… 100
- 30年日平均气温≥5℃期间的日照时数分布图（1981—2010年） ……………………… 101
- 30年日平均气温≥10℃期间的日照时数分布图（1981—2010年） …………………… 102
- 30年日平均气温≥15℃期间的日照时数分布图（1981—2010年） …………………… 103
- 30年日平均气温≥20℃期间的日照时数分布图（1981—2010年） …………………… 104
- 30年平均日照百分率分布图（1981—2010年） ………………………………………… 105
- 30年日平均气温≥0℃期间的日照百分率分布图（1981—2010年） …………………… 106
- 30年日平均气温≥5℃期间的日照百分率分布图（1981—2010年） …………………… 107
- 30年日平均气温≥10℃期间的日照百分率分布图（1981—2010年） ………………… 108
- 30年日平均气温≥15℃期间的日照百分率分布图（1981—2010年） ………………… 109
- 30年日平均气温≥20℃期间的日照百分率分布图（1981—2010年） ………………… 110
- 30年平均春季降水量（1981—2010年） ………………………………………………… 111
- 30年平均夏季降水量（1981—2010年） ………………………………………………… 112
- 30年平均秋季降水量（1981—2010年） ………………………………………………… 113
- 30年平均冬季降水量（1981—2010年） ………………………………………………… 114
- 30年平均5%保证率的年降水量（1981—2010年） ……………………………………… 115
- 30年平均25%保证率的年降水量（1981—2010年） …………………………………… 116
- 30年平均50%保证率的年降水量（1981—2010年） …………………………………… 117
- 30年平均75%保证率的年降水量（1981—2010年） …………………………………… 118
- 30年平均95%保证率的年降水量（1981—2010年） …………………………………… 119
- 30年日平均气温≥0℃期间的降水量（1981—2010年） ………………………………… 120

- 30年日平均气温≥10℃期间的降水量（1981—2010年） ... 121
- 30年日平均气温≥15℃期间的降水量（1981—2010年） ... 122
- 30年日平均气温≥20℃期间的降水量（1981—2010年） ... 123
- 30年平均春季降水量相对变率（1981—2010年） ... 124
- 30年平均夏季降水量相对变率（1981—2010年） ... 125
- 30年平均秋季降水量相对变率（1981—2010年） ... 126
- 30年平均冬季降水量相对变率（1981—2010年） ... 127
- 30年平均降水量相对变率（1981—2010年） ... 128
- 30年日平均气温≥0℃期间的降水量相对变率（1981—2010年） ... 129
- 30年日平均气温≥10℃期间的降水量相对变率（1981—2010年） ... 130
- 30年日平均气温≥15℃期间的降水量相对变率（1981—2010年） ... 131
- 30年日平均气温≥20℃期间的降水量相对变率（1981—2010年） ... 132
- 30年平均干湿指数（1981—2010年） ... 133
- 30年日平均气温≥0℃期间的干湿指数（1981—2010年） ... 134
- 30年日平均气温≥10℃期间的干湿指数（1981—2010年） ... 135
- 30年日平均气温≥15℃期间的干湿指数（1981—2010年） ... 136
- 30年日平均气温≥20℃期间的干湿指数（1981—2010年） ... 137
- 30年平均参考作物蒸散量（1981—2010年） ... 138
- 30年日平均气温≥0℃期间的年参考作物蒸散量（1981—2010年） ... 139
- 30年日平均气温≥10℃期间的年参考作物蒸散量（1981—2010年） ... 140
- 30年日平均气温≥15℃期间的年参考作物蒸散量（1981—2010年） ... 141
- 30年日平均气温≥20℃期间的年参考作物蒸散量（1981—2010年） ... 142
- 30年平均空气相对湿度（1981—2010年） ... 143

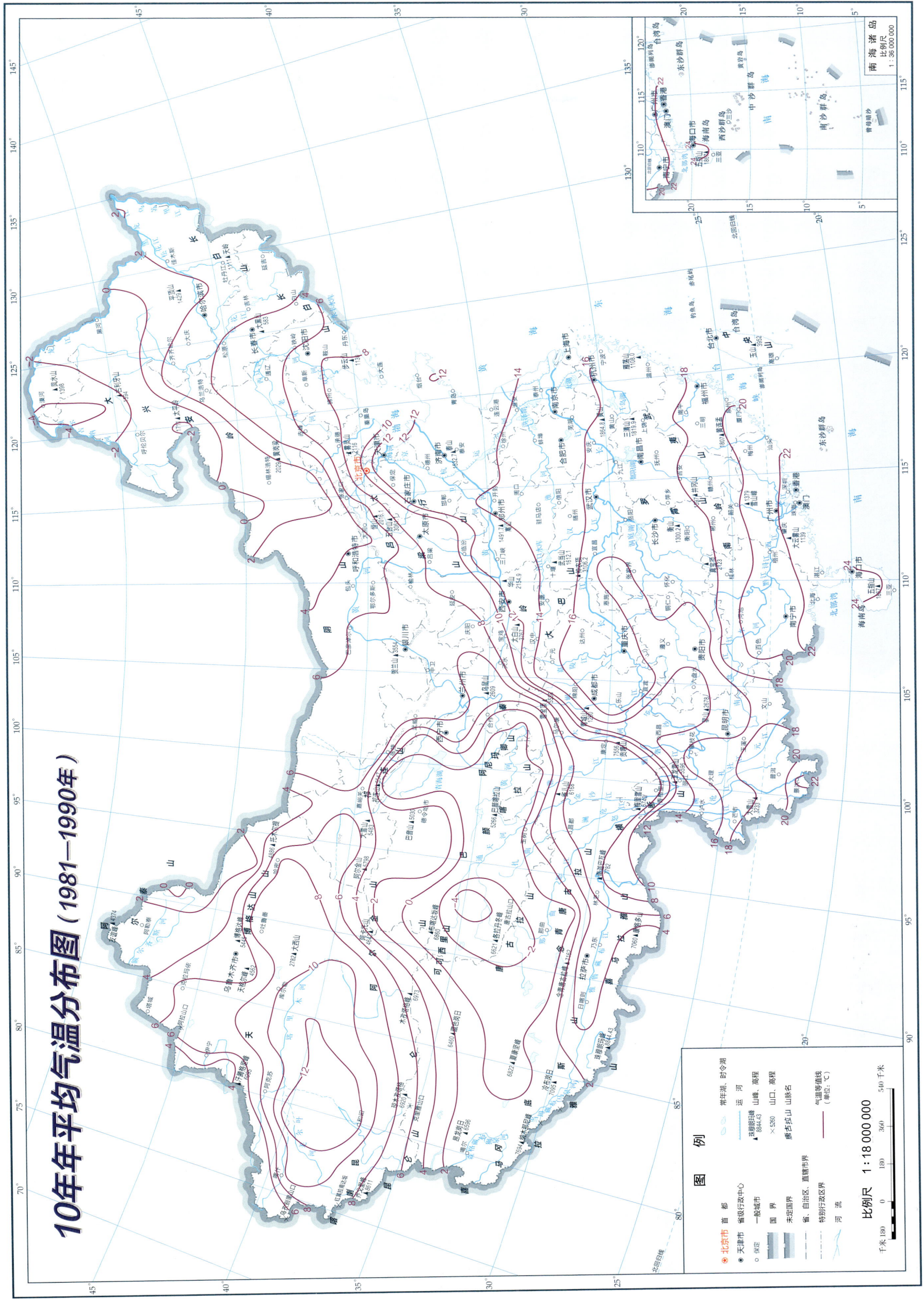

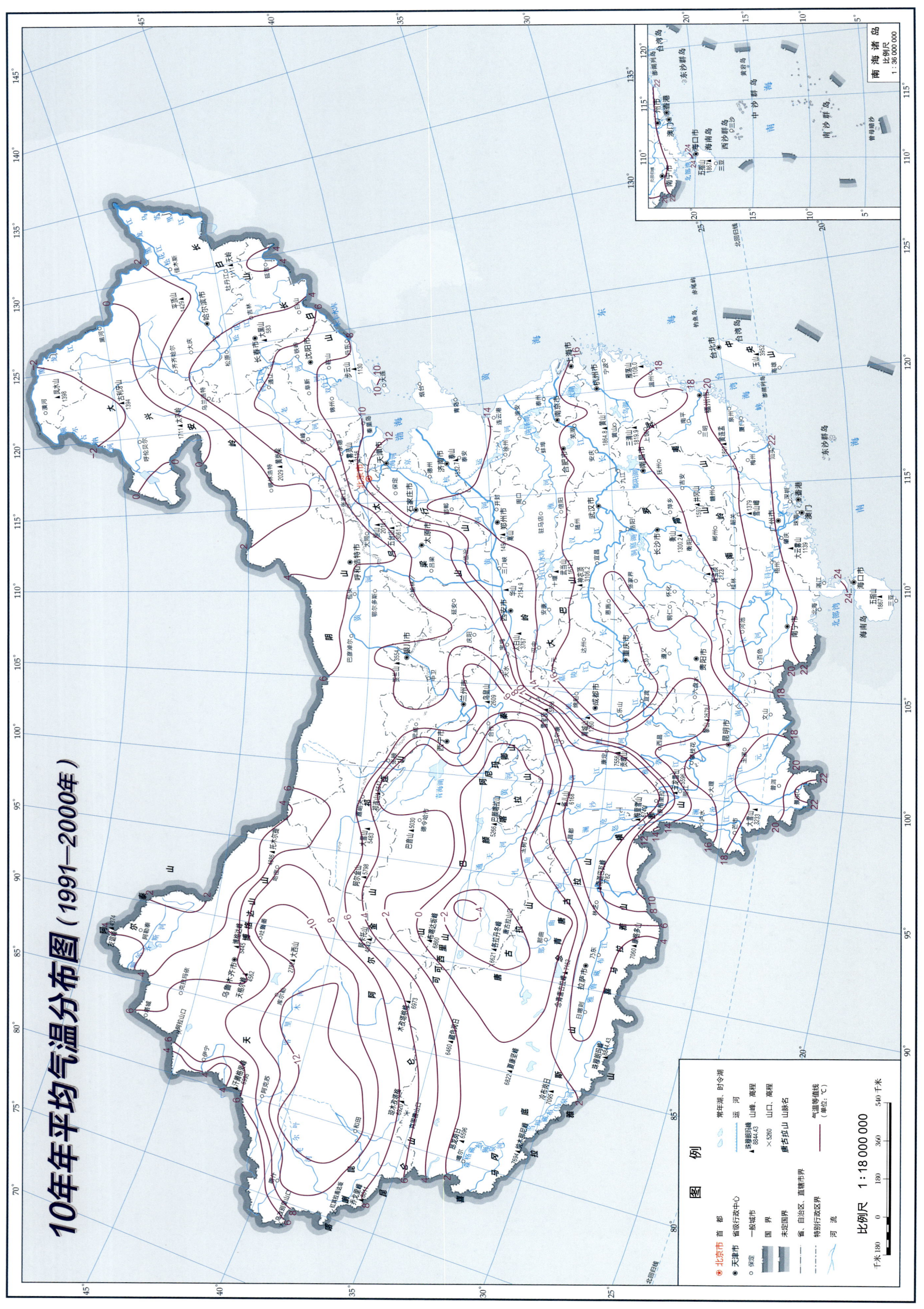

10年年平均气温分布图（1991—2000年）

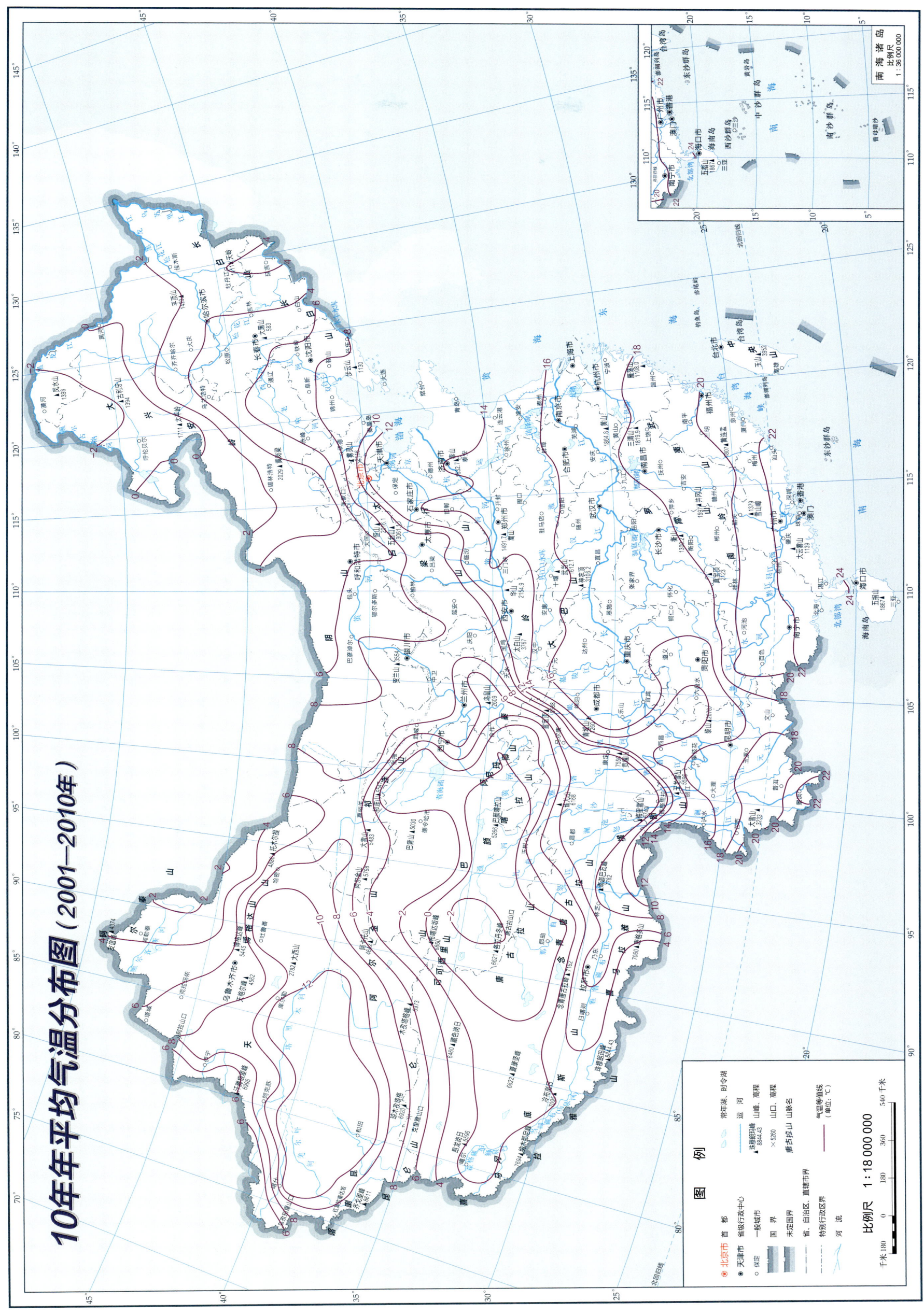

10年年平均气温分布图（2001—2010年）

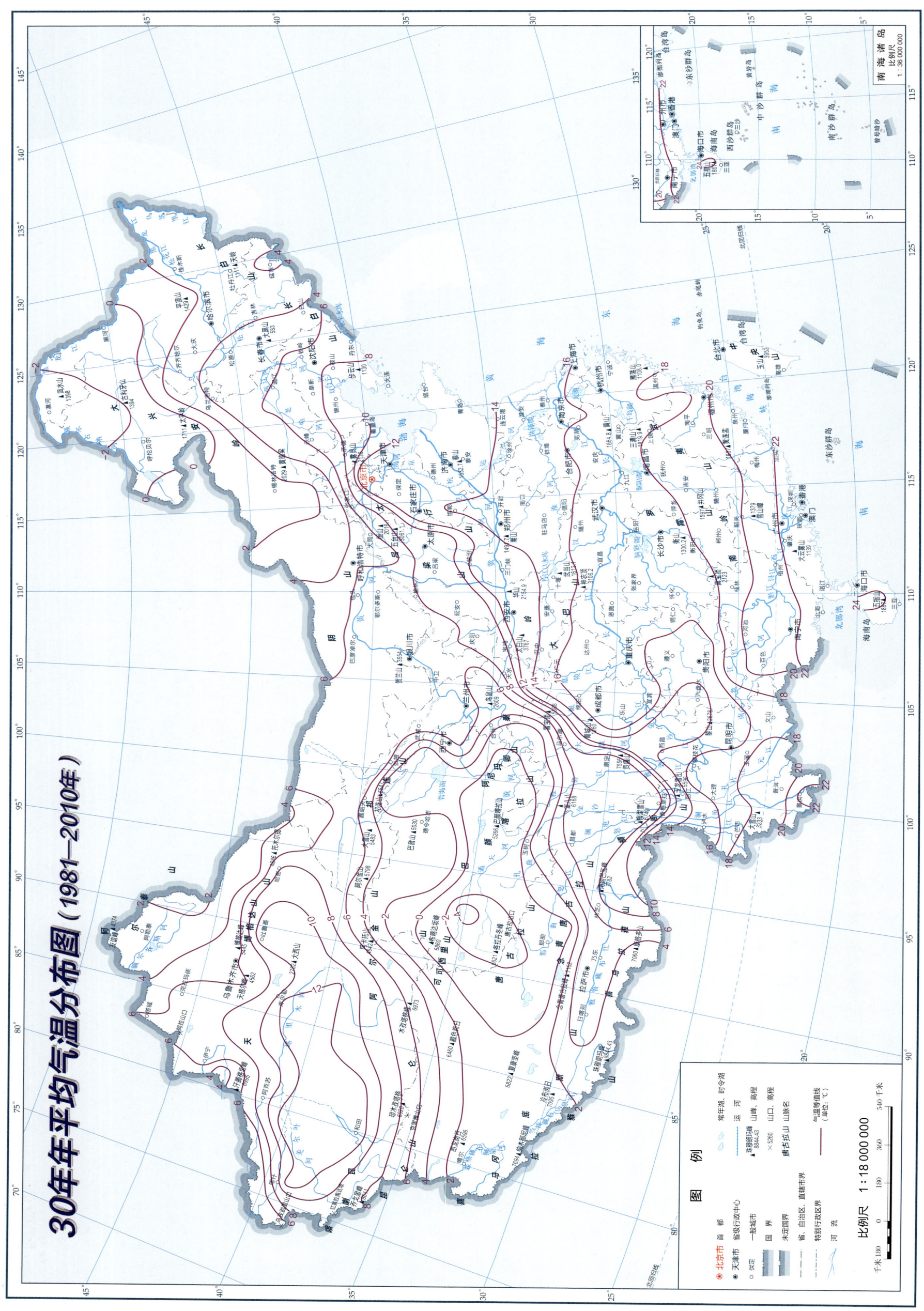

30年年平均气温分布图（1981—2010年）

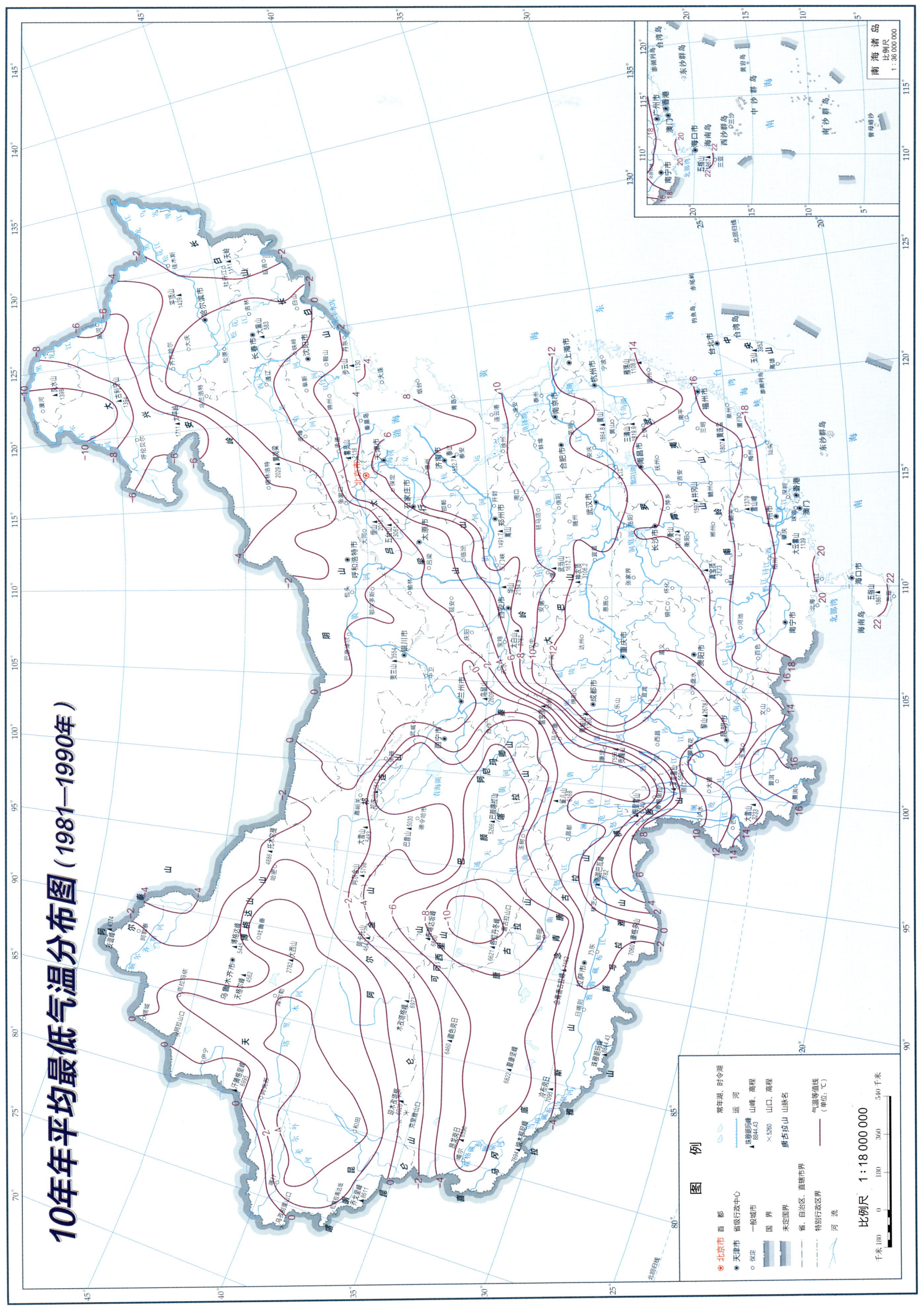
10年年平均最低气温分布图（1981—1990年）

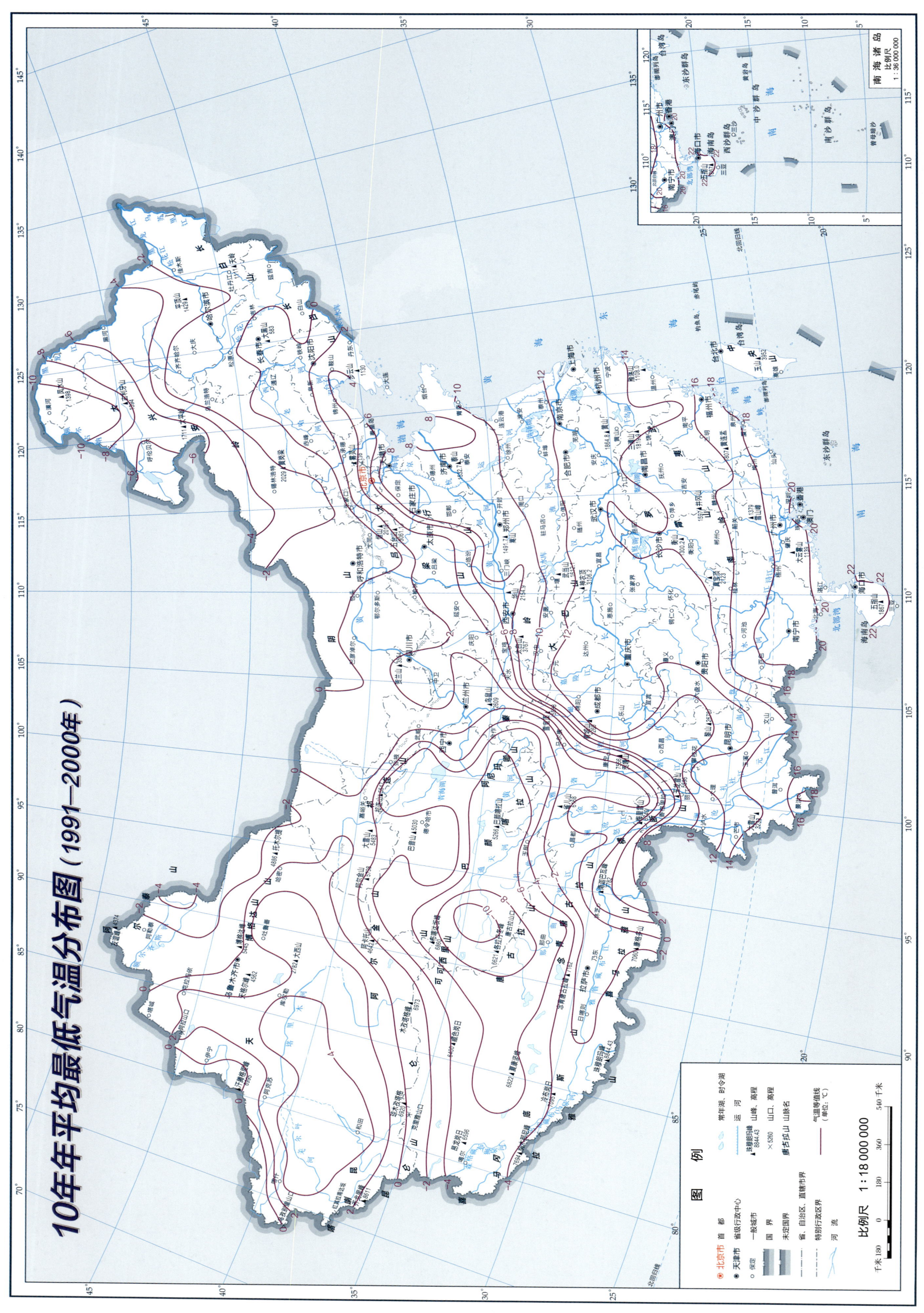

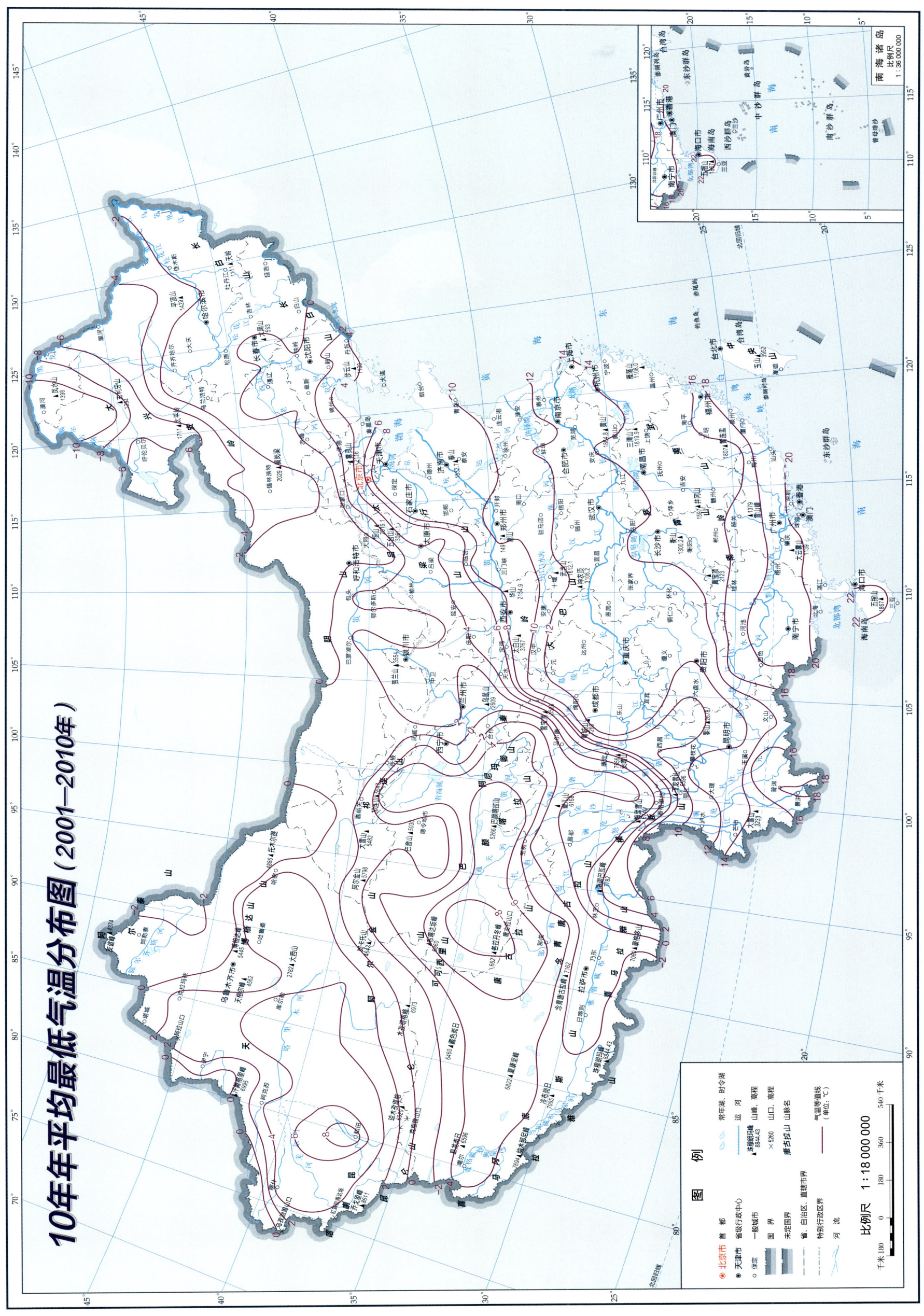

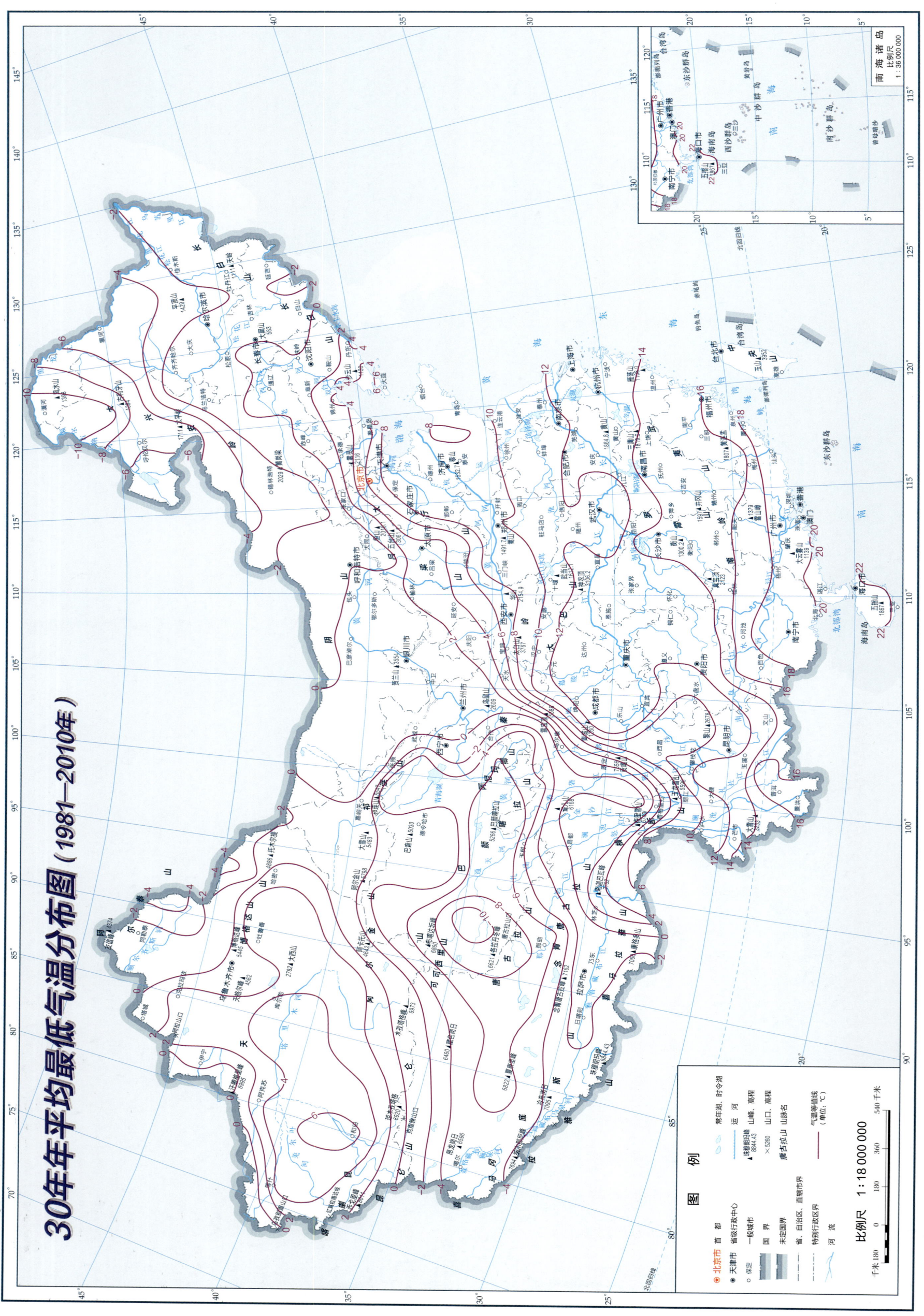

30年年平均最低气温分布图（1981—2010年）

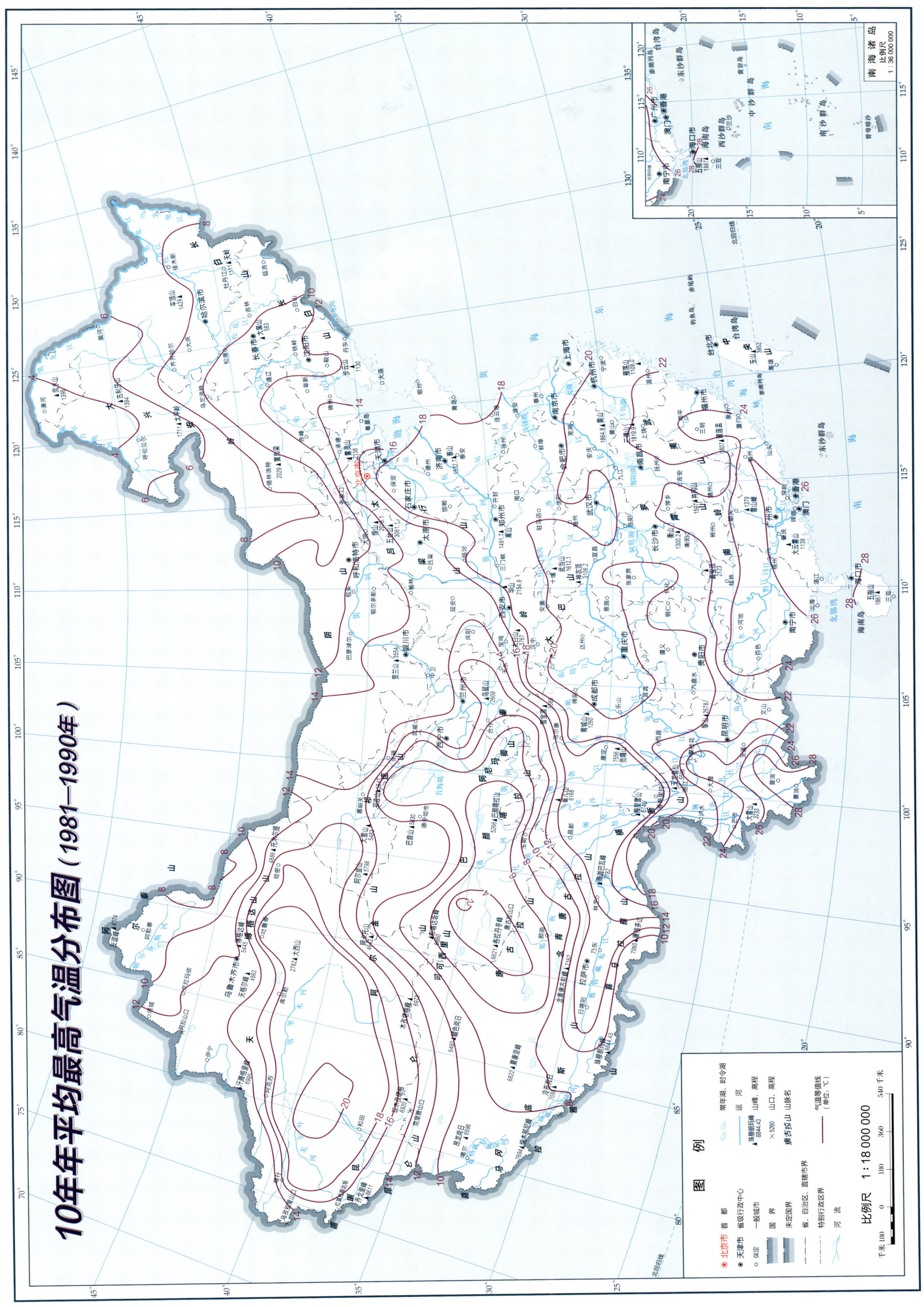

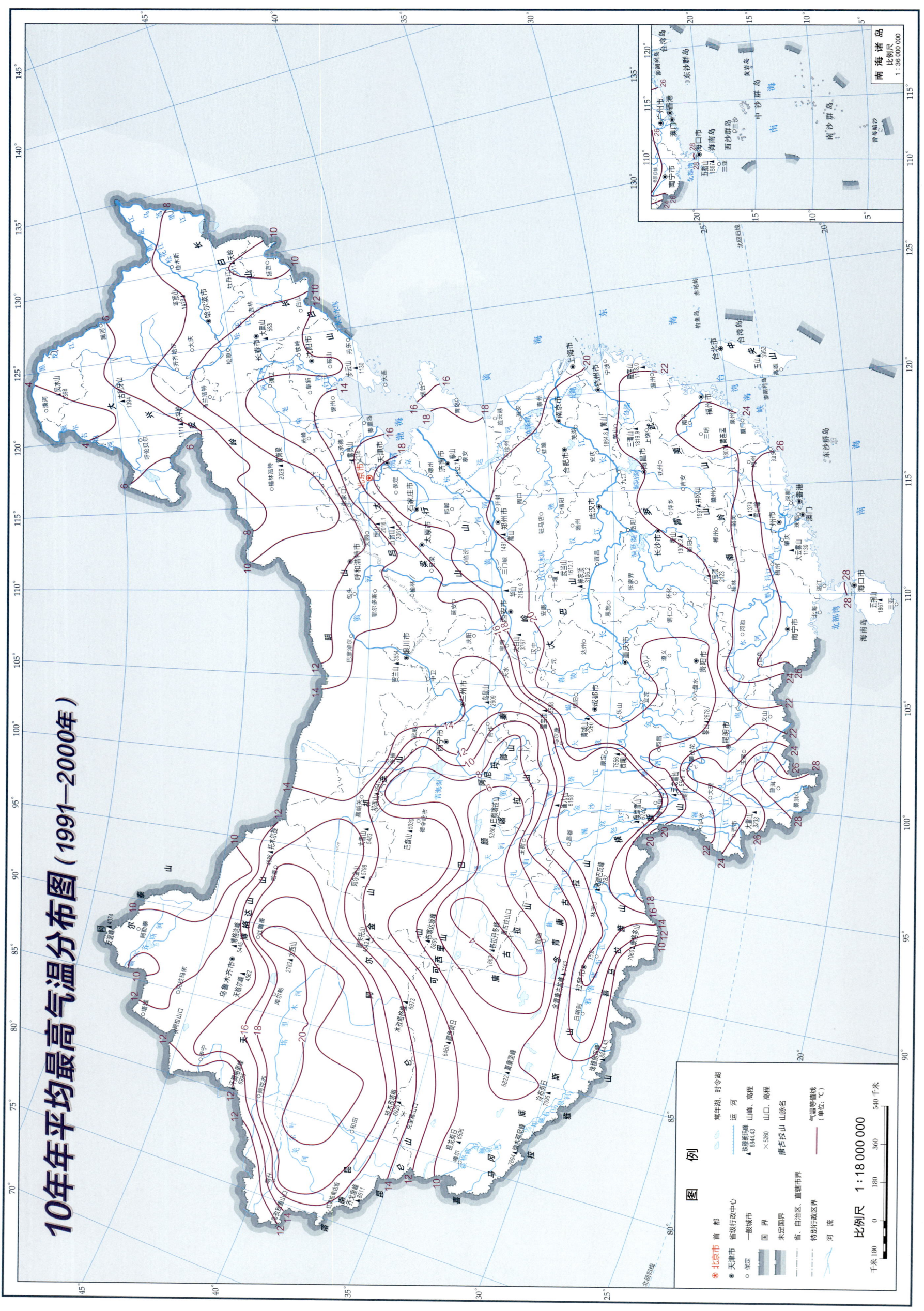

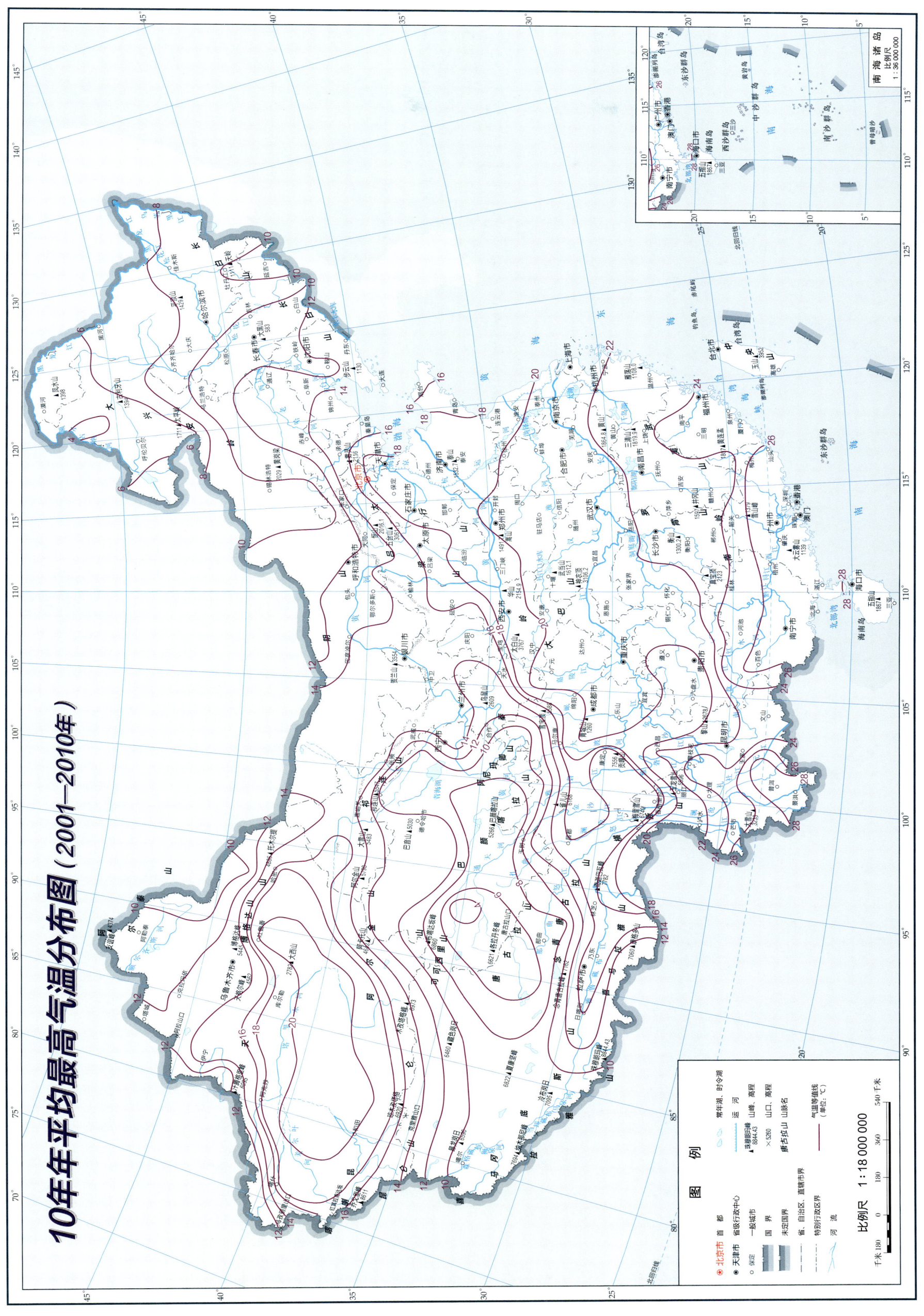

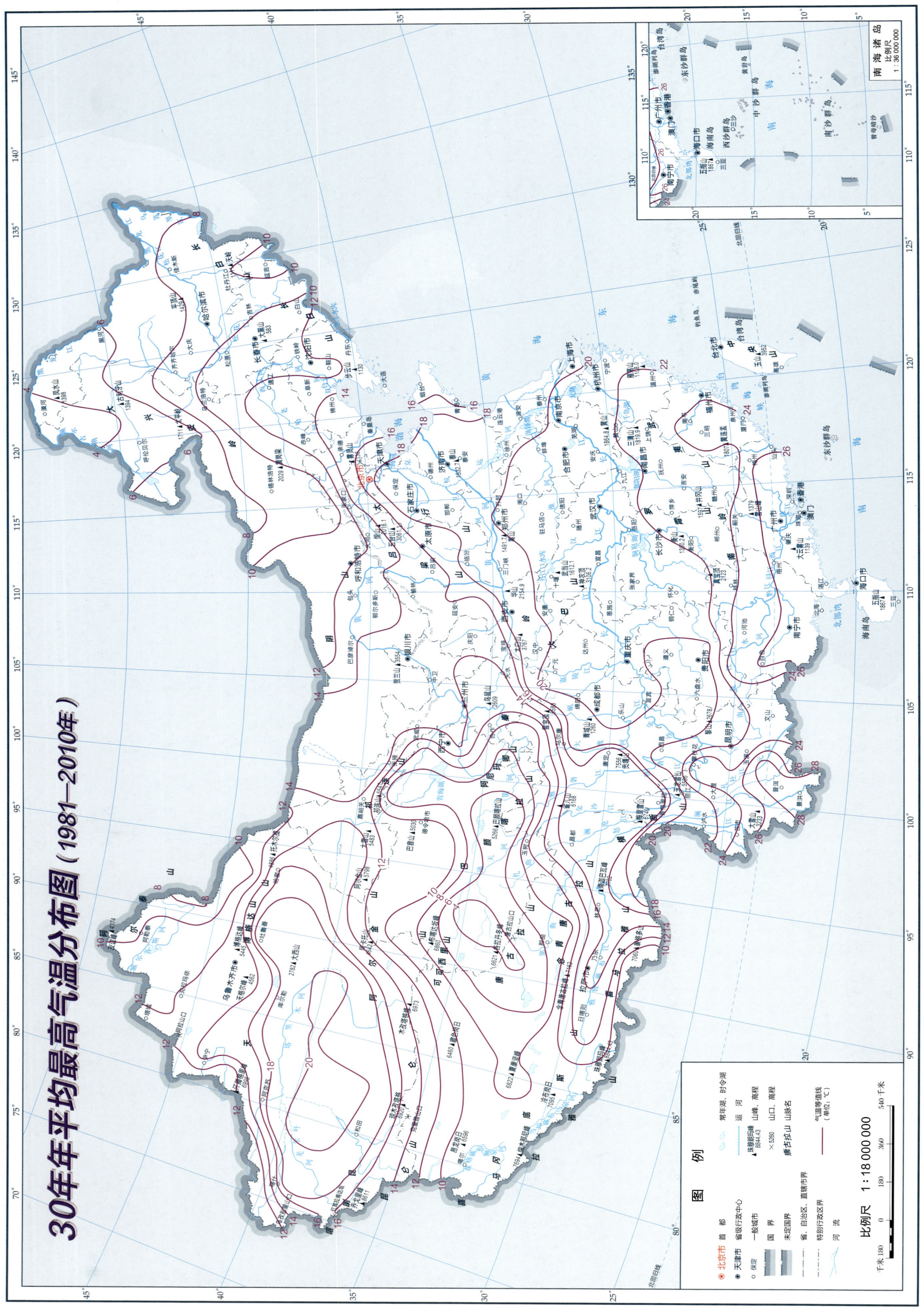

30年年平均最高气温分布图（1981—2010年）

10年气温日较差的年平均值分布图（1981—1990年）

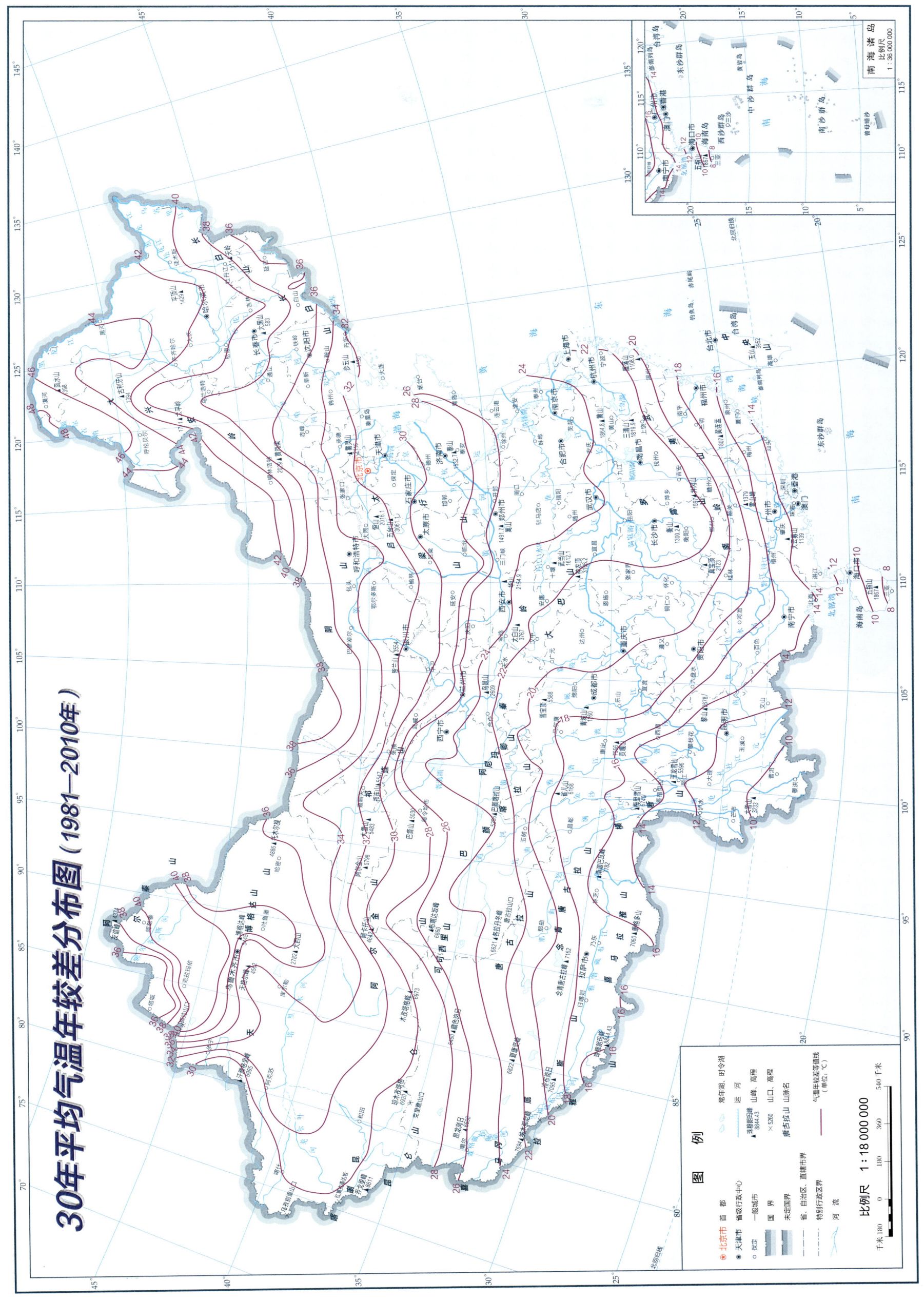

30年极端最低气温分布图（1981—2010年）

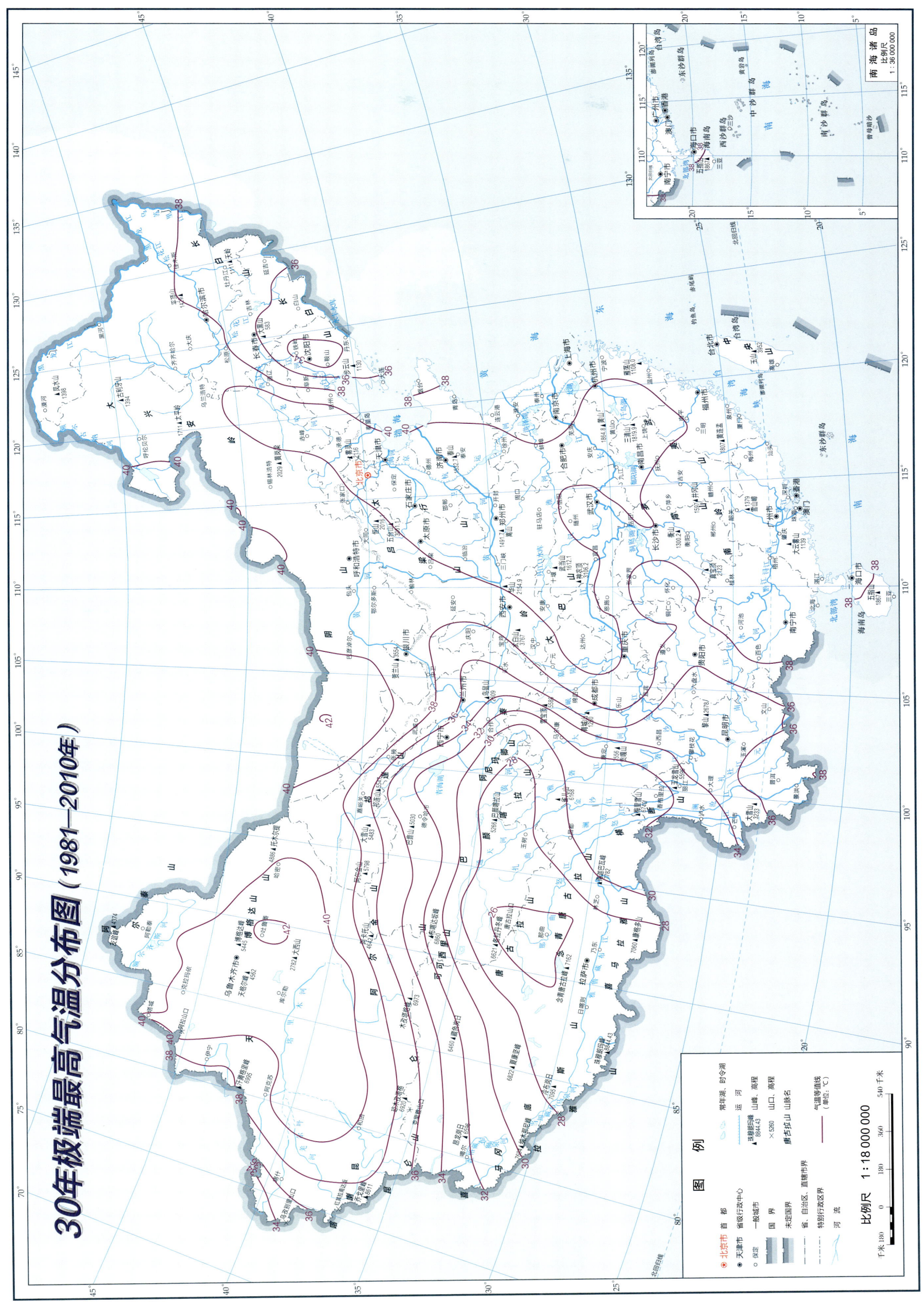

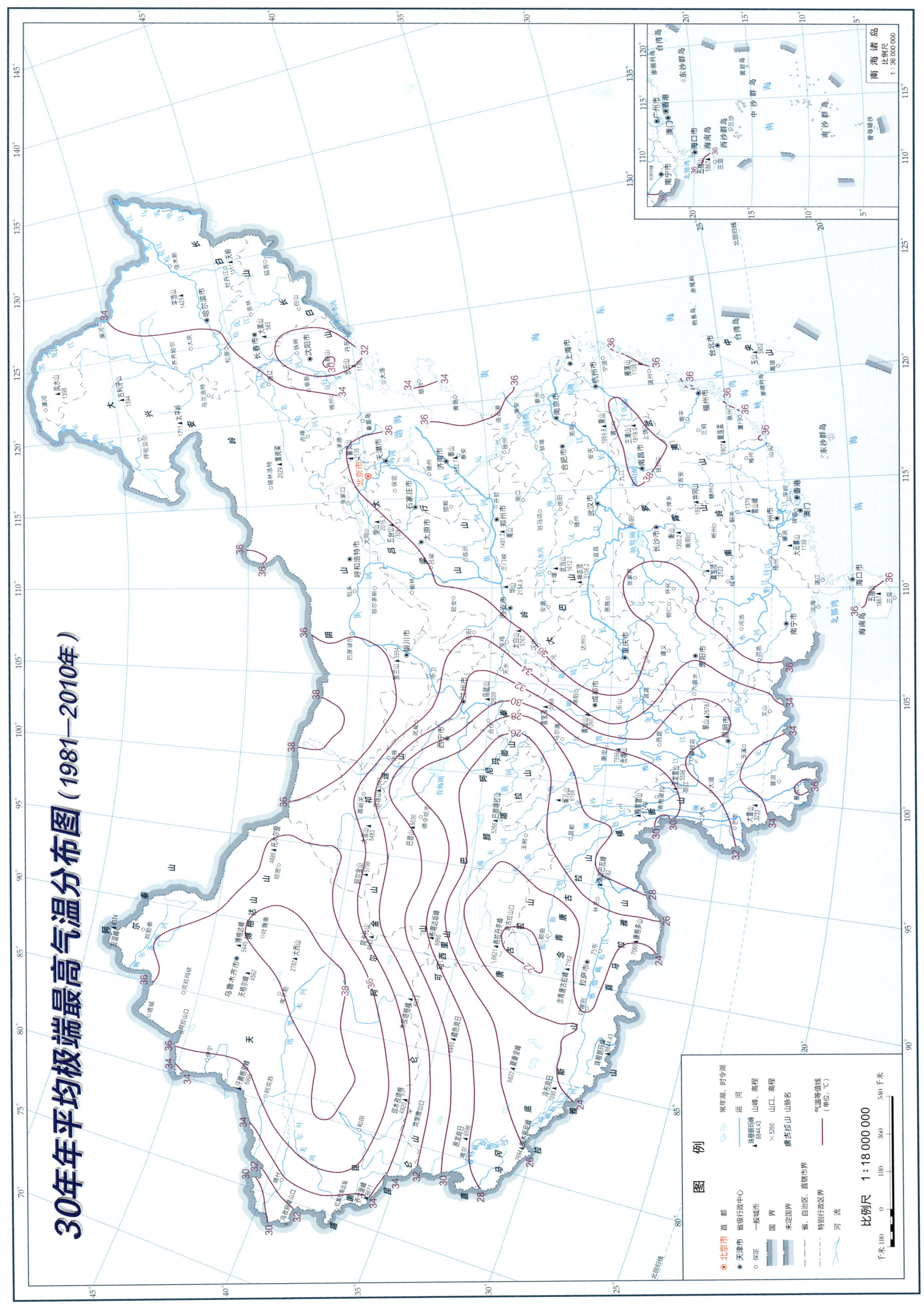

10年平均负积温分布图（1981—1990年）

10年平均负积温分布图（1991—2000年）

10年平均负积温分布图（2001—2010年）

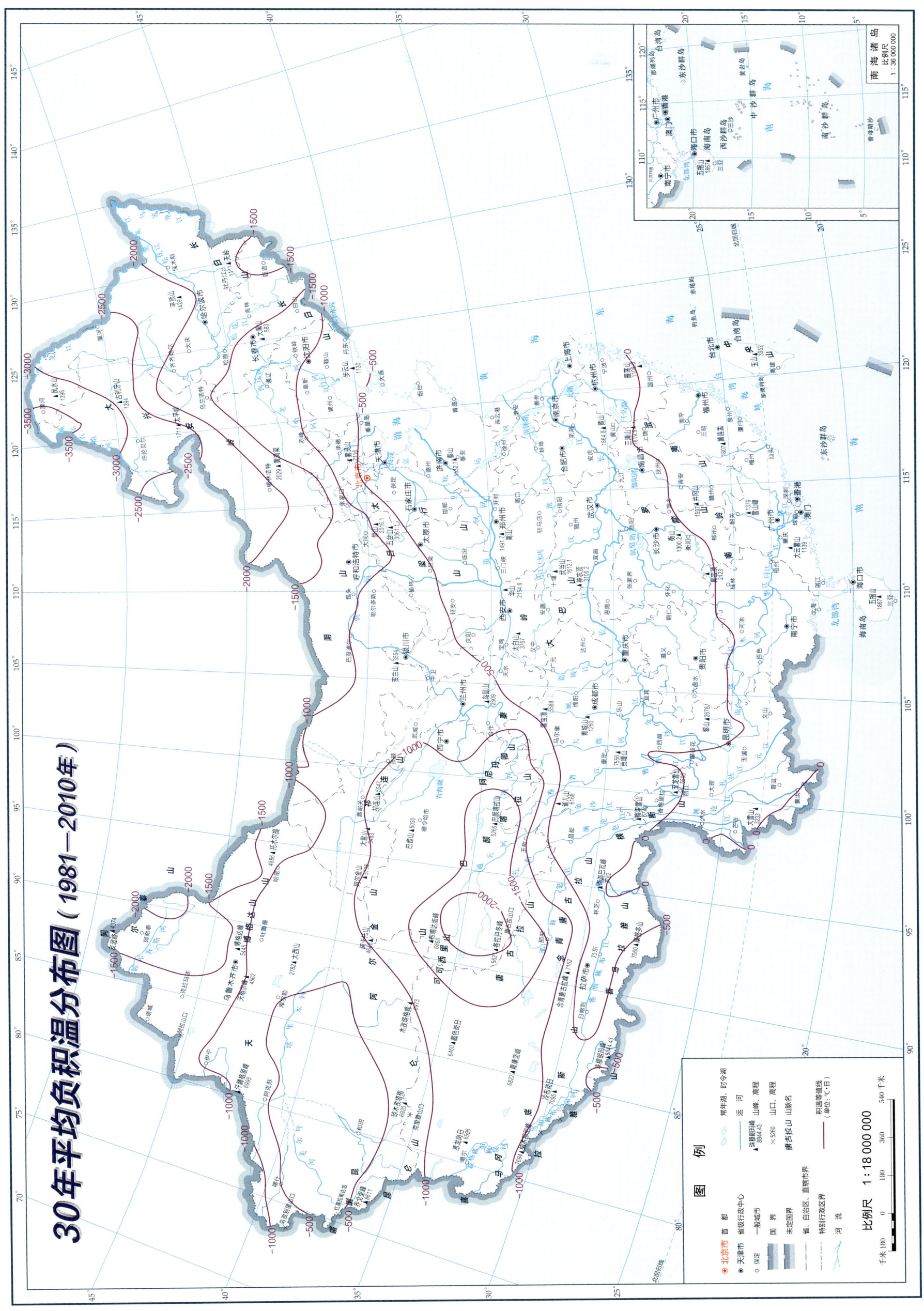

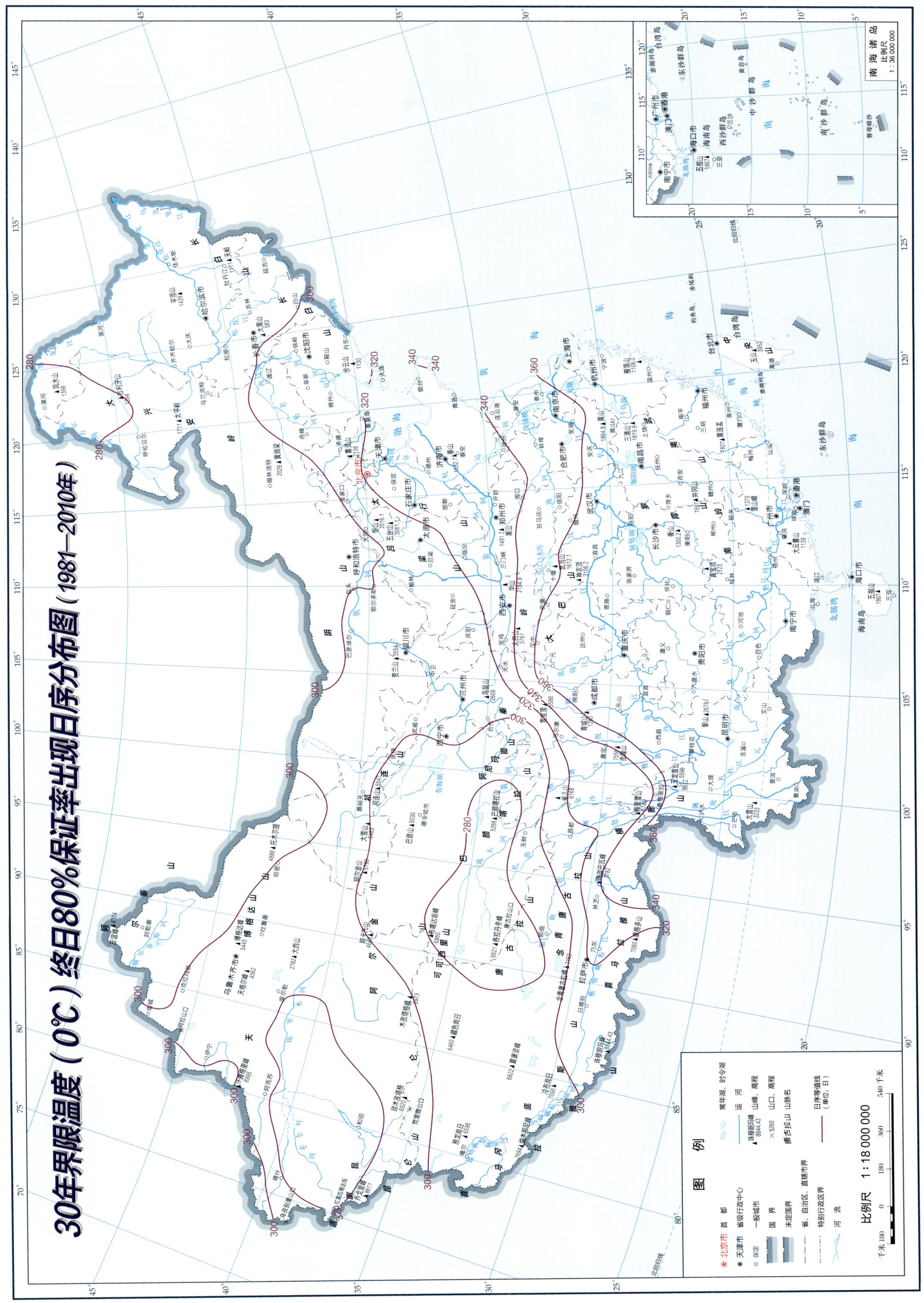

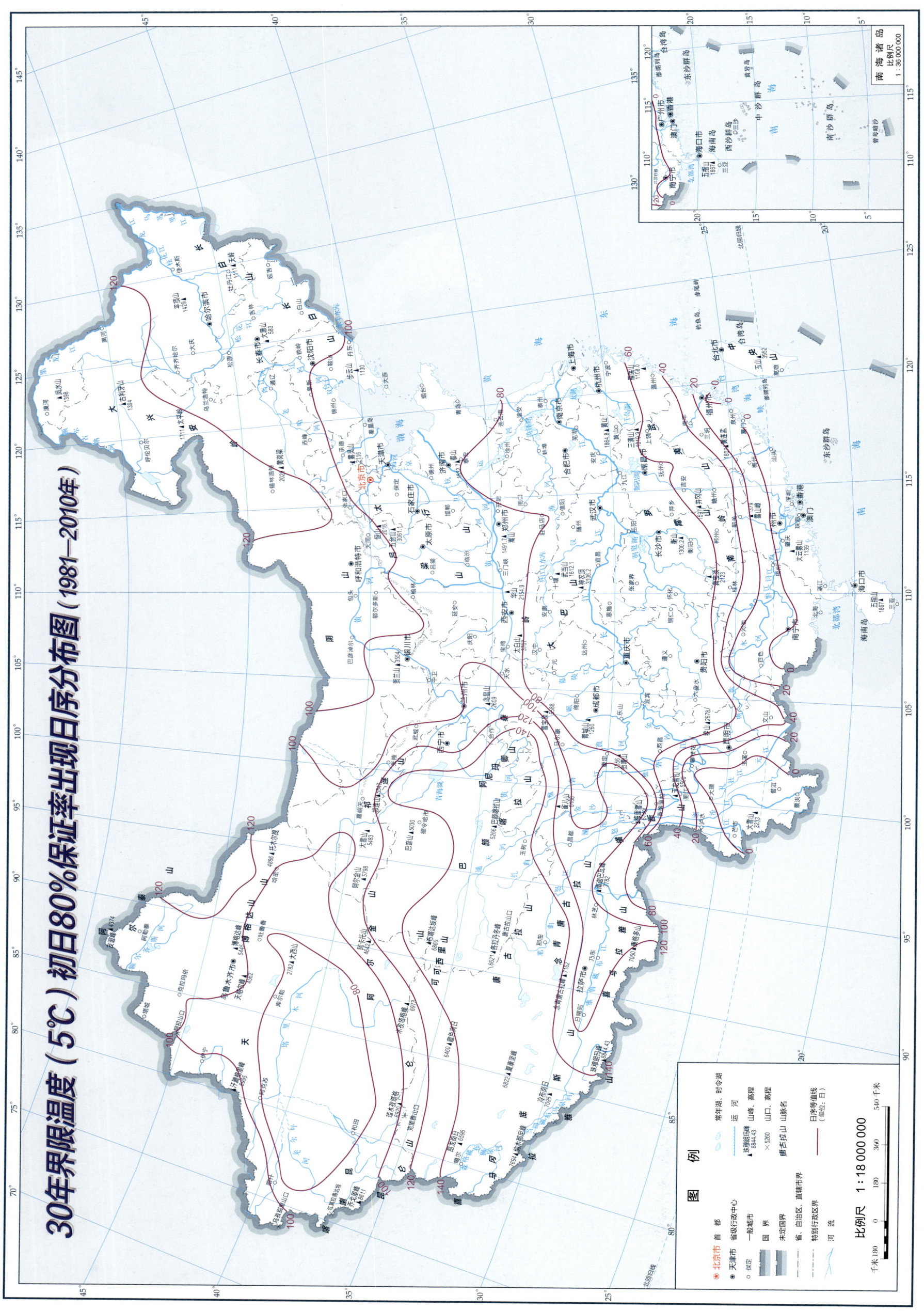

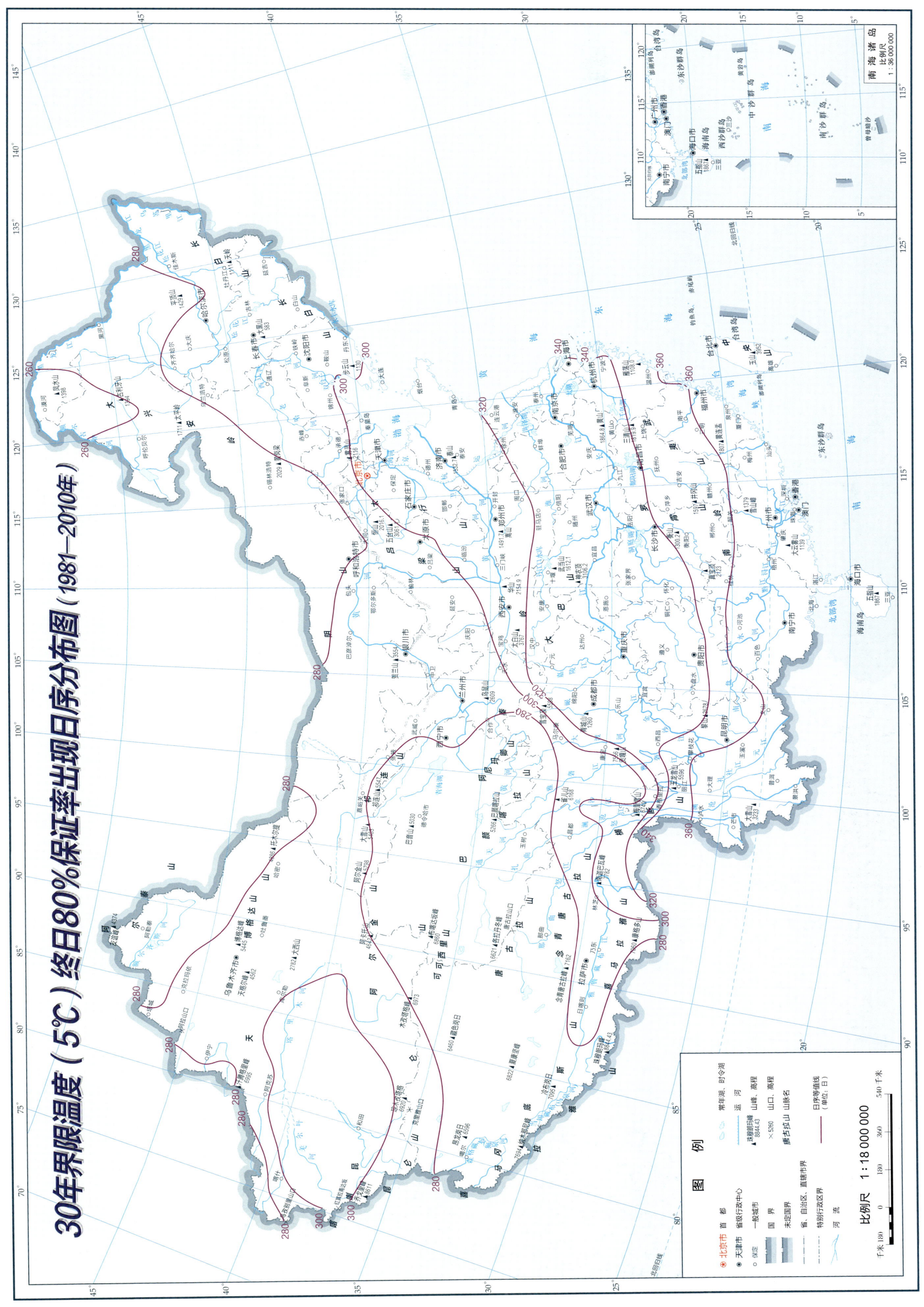

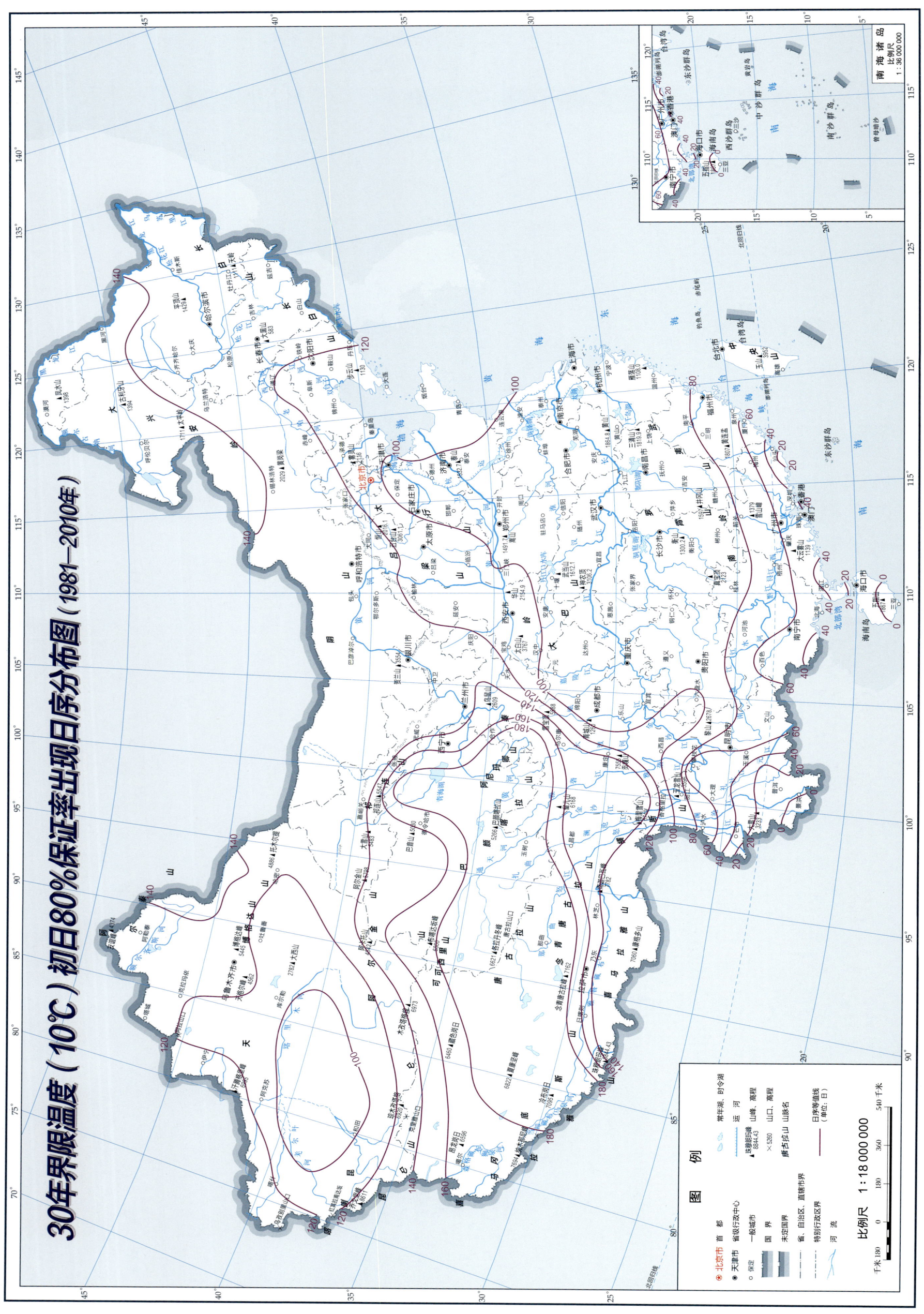

30年界限温度（10℃）终日80%保证率出现日序分布图（1981—2010年）

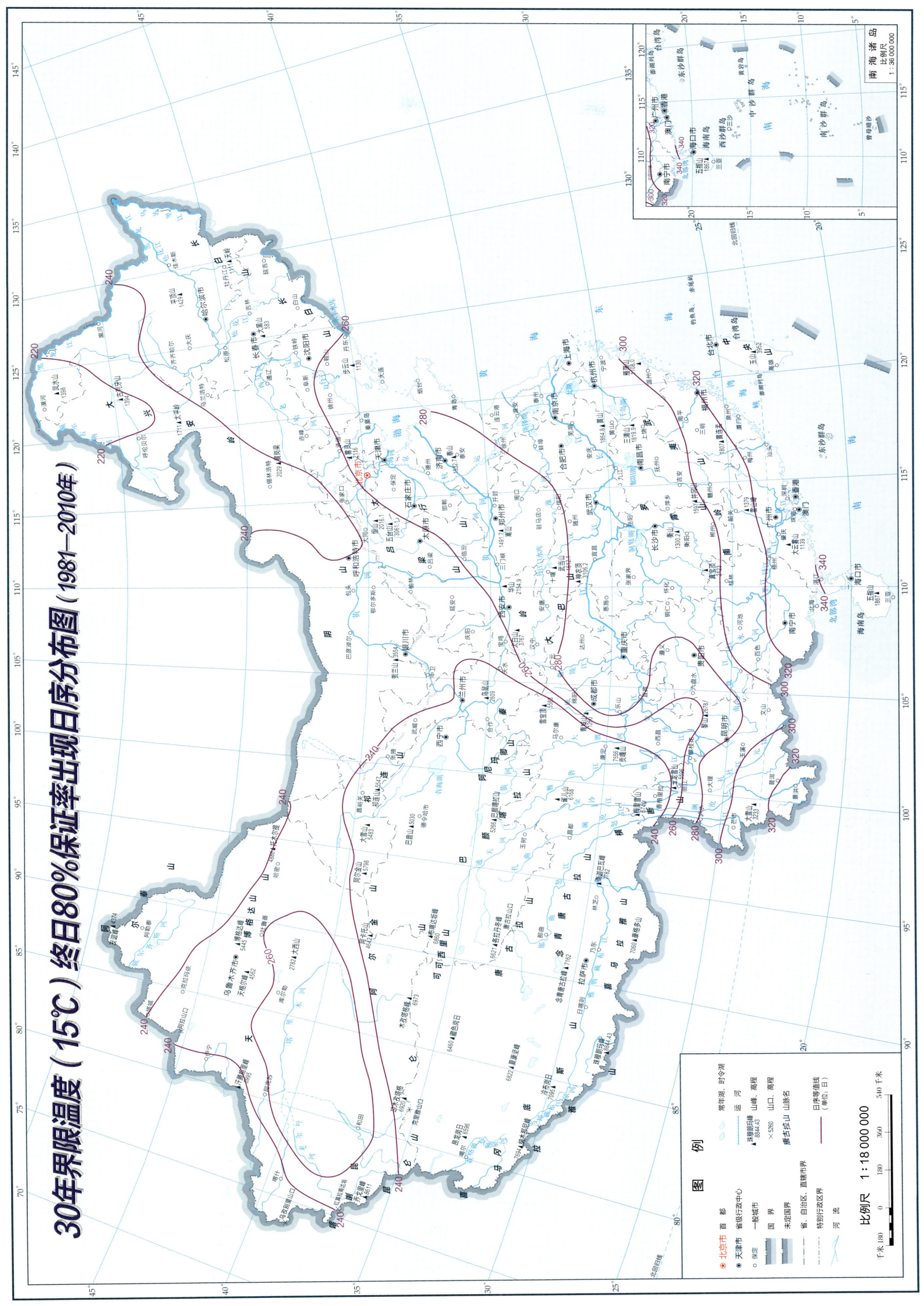

30年界限温度（15℃）终日80%保证率出现日序分布图（1981—2010年）

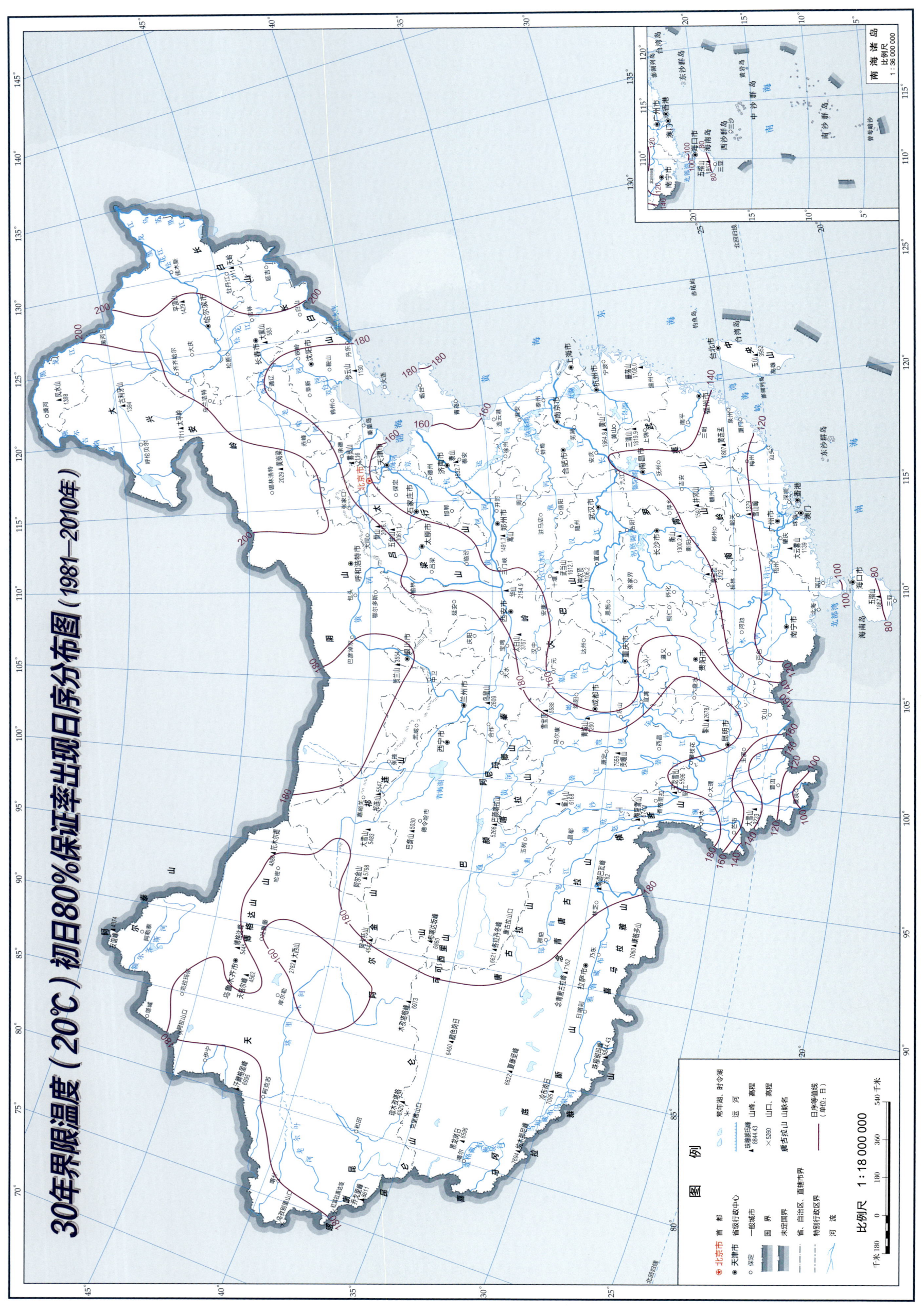

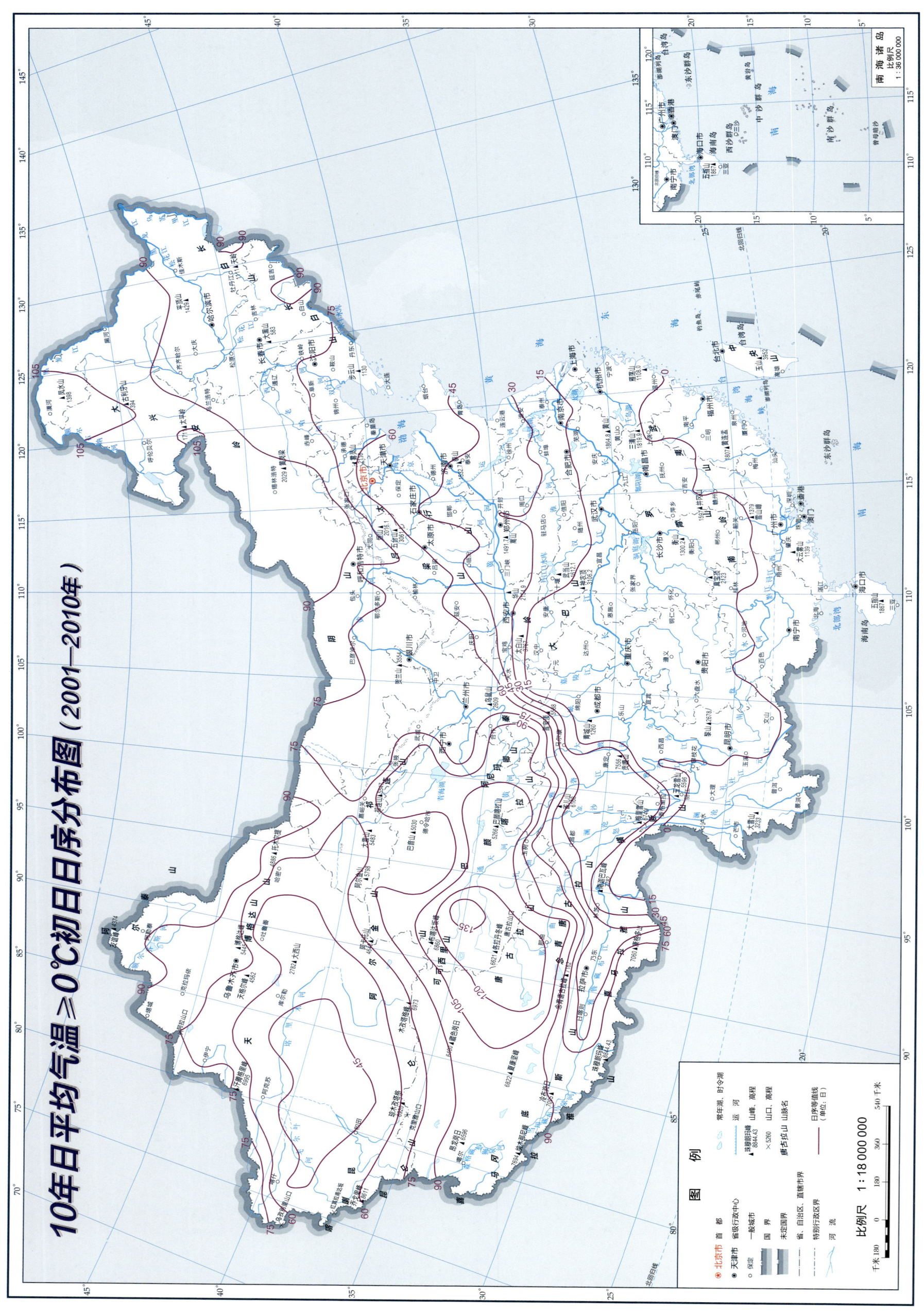

10年日平均气温≥0℃初日日序分布图（2001—2010年）

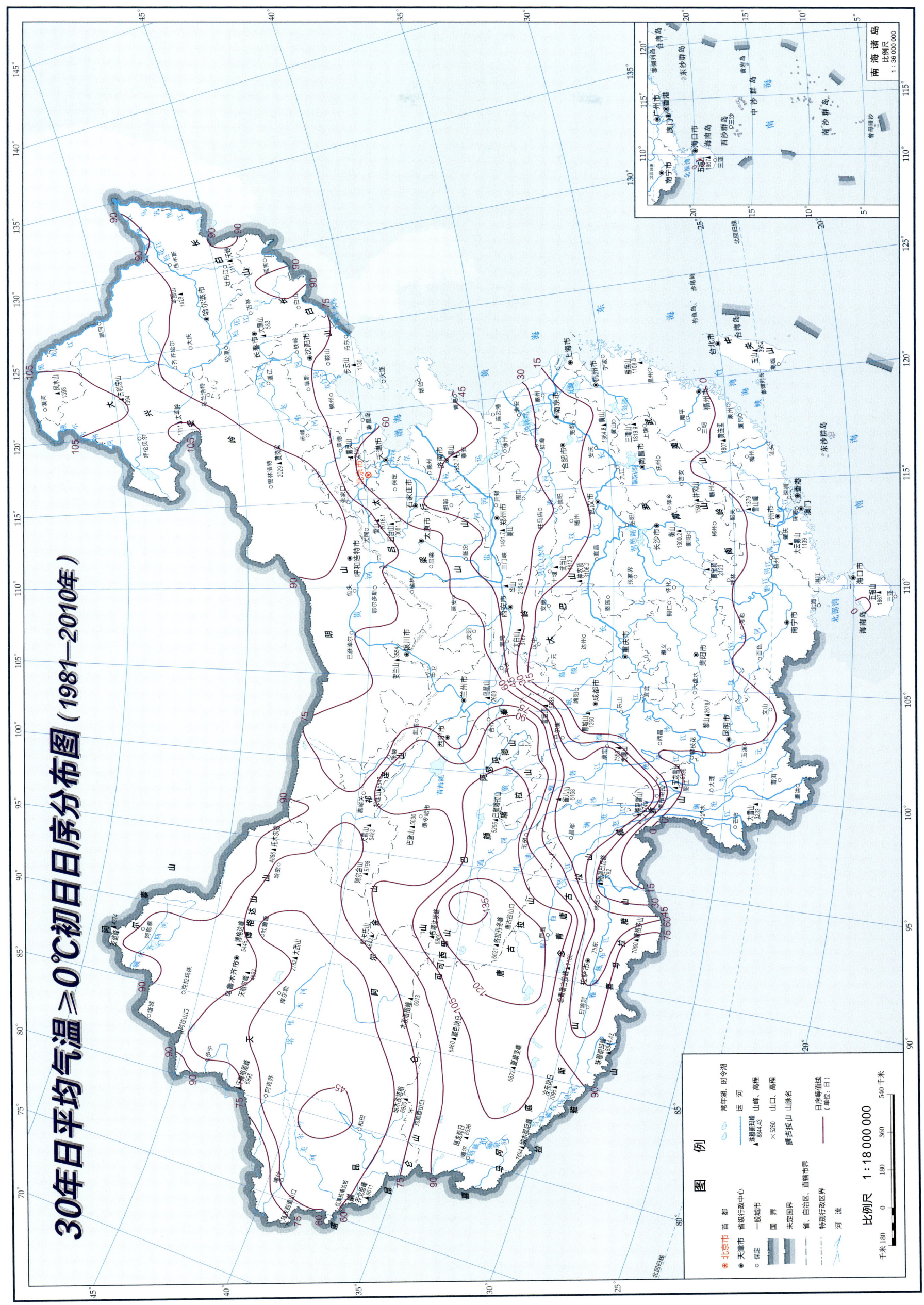

30年日平均气温≥0℃初日日序分布图（1981—2010年）

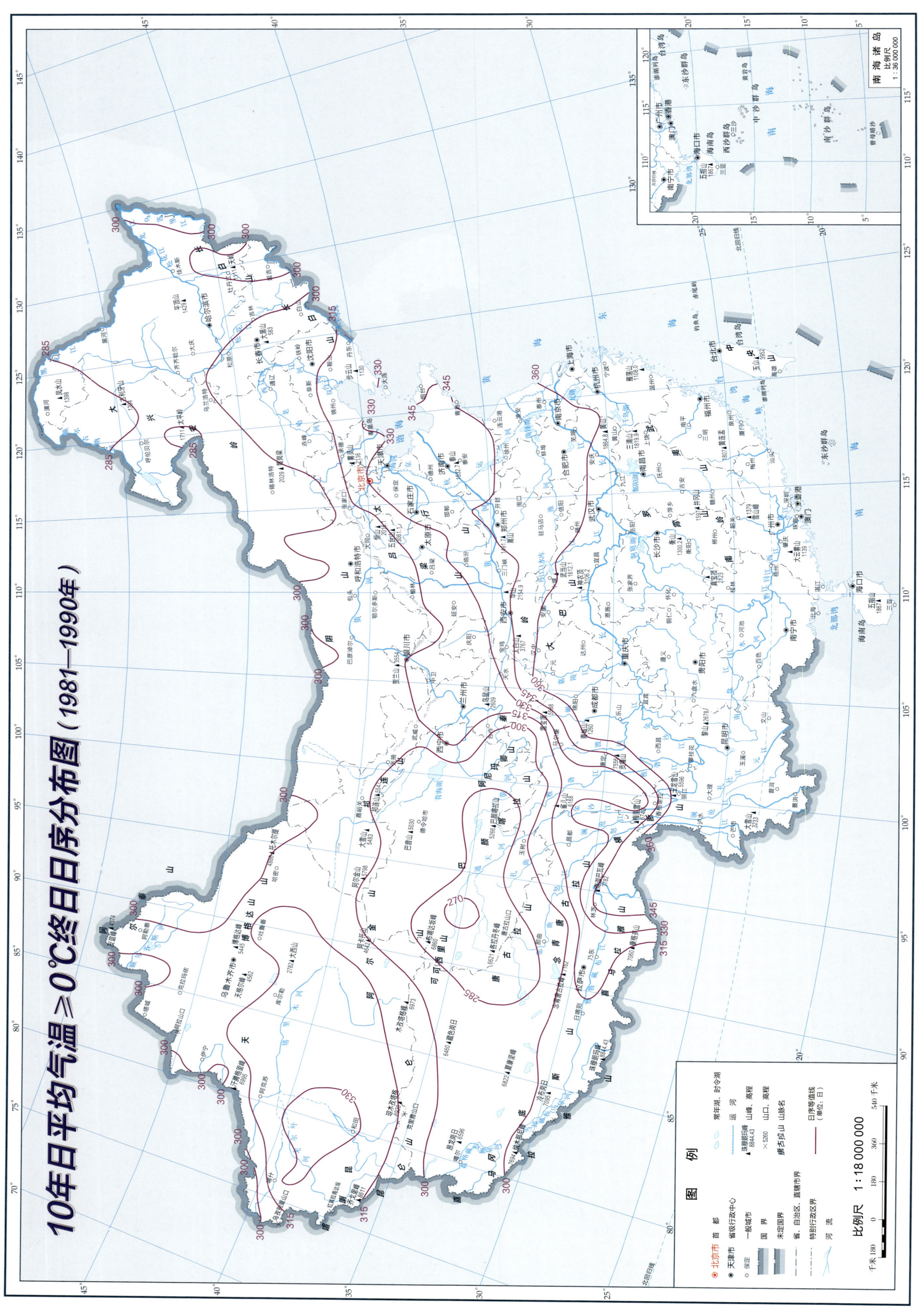

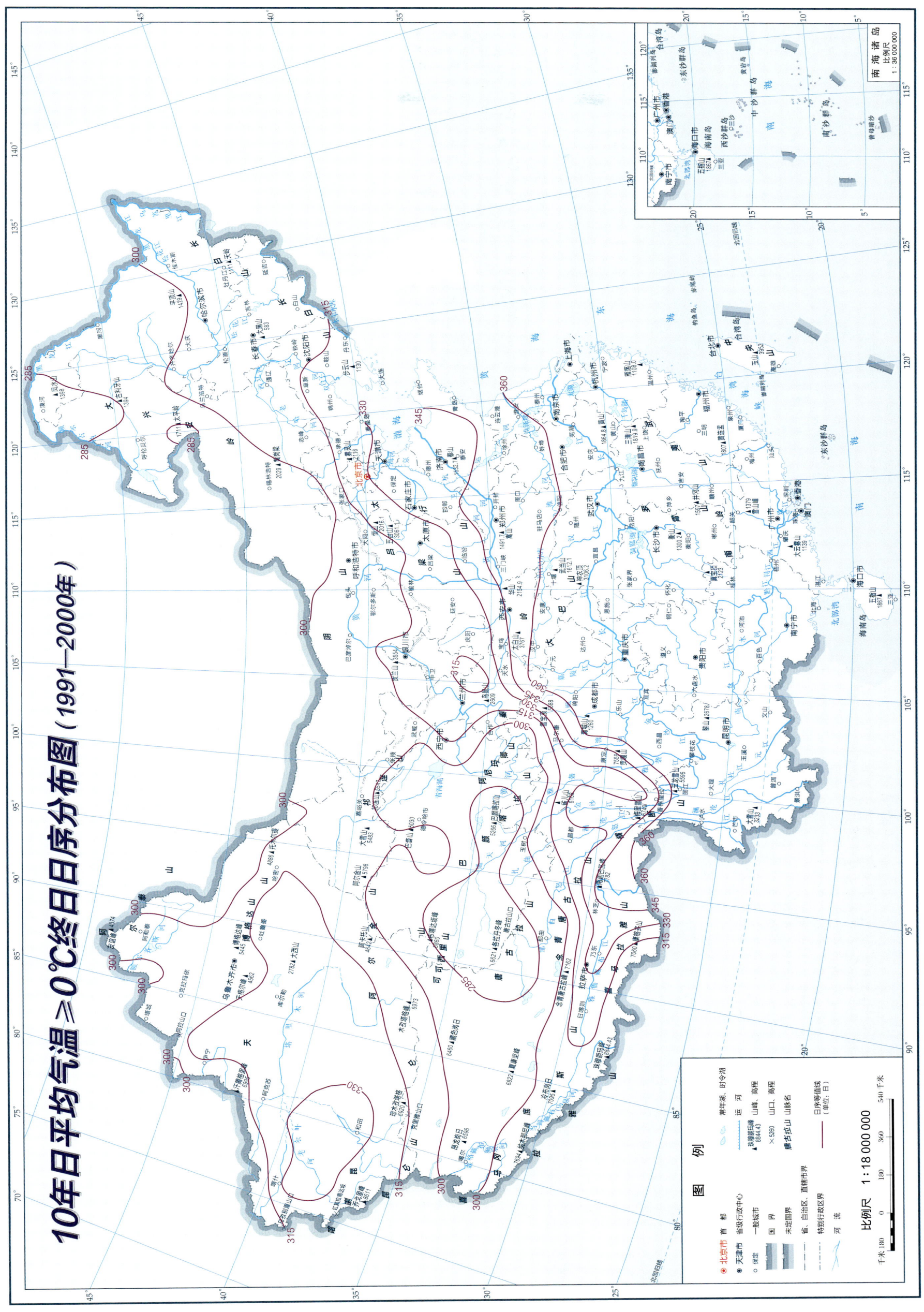

30年日平均气温≥0℃终日日序分布图（1981—2010年）

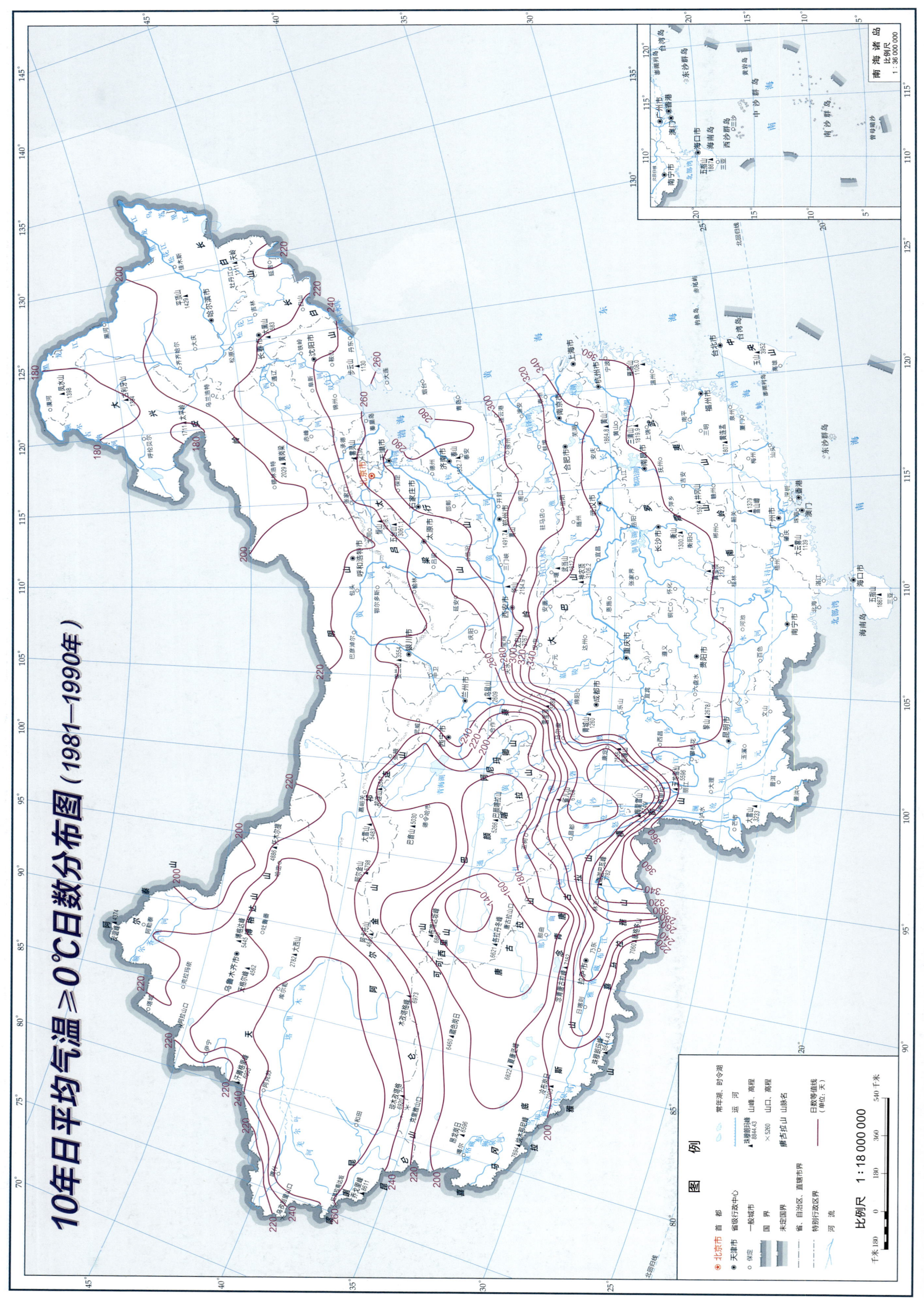

10年日平均气温≥0℃日数分布图（1981—1990年）

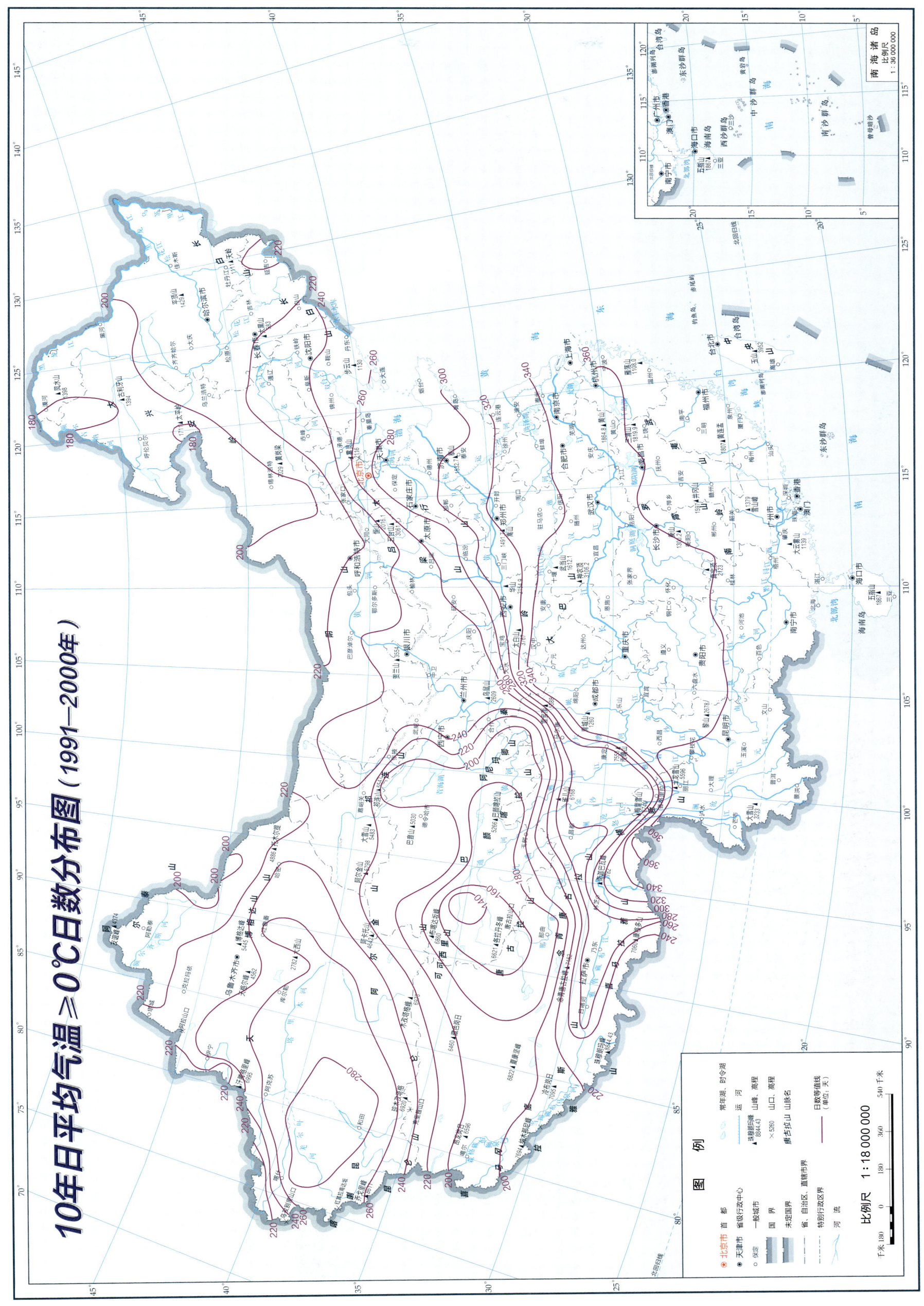

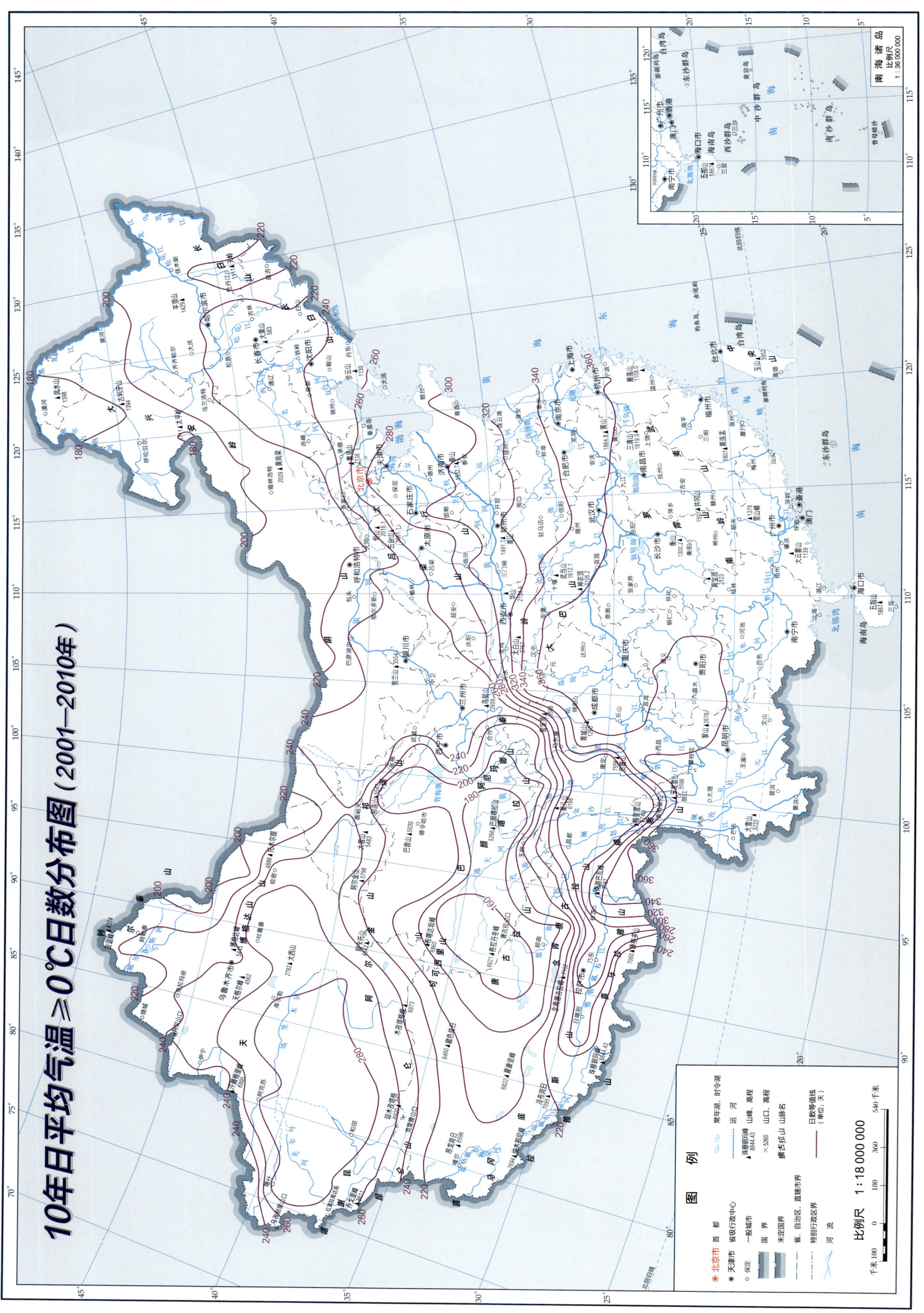

10年日平均气温≥0℃日数分布图（2001—2010年）

30年日平均气温≥0℃日数分布图（1981—2010年）

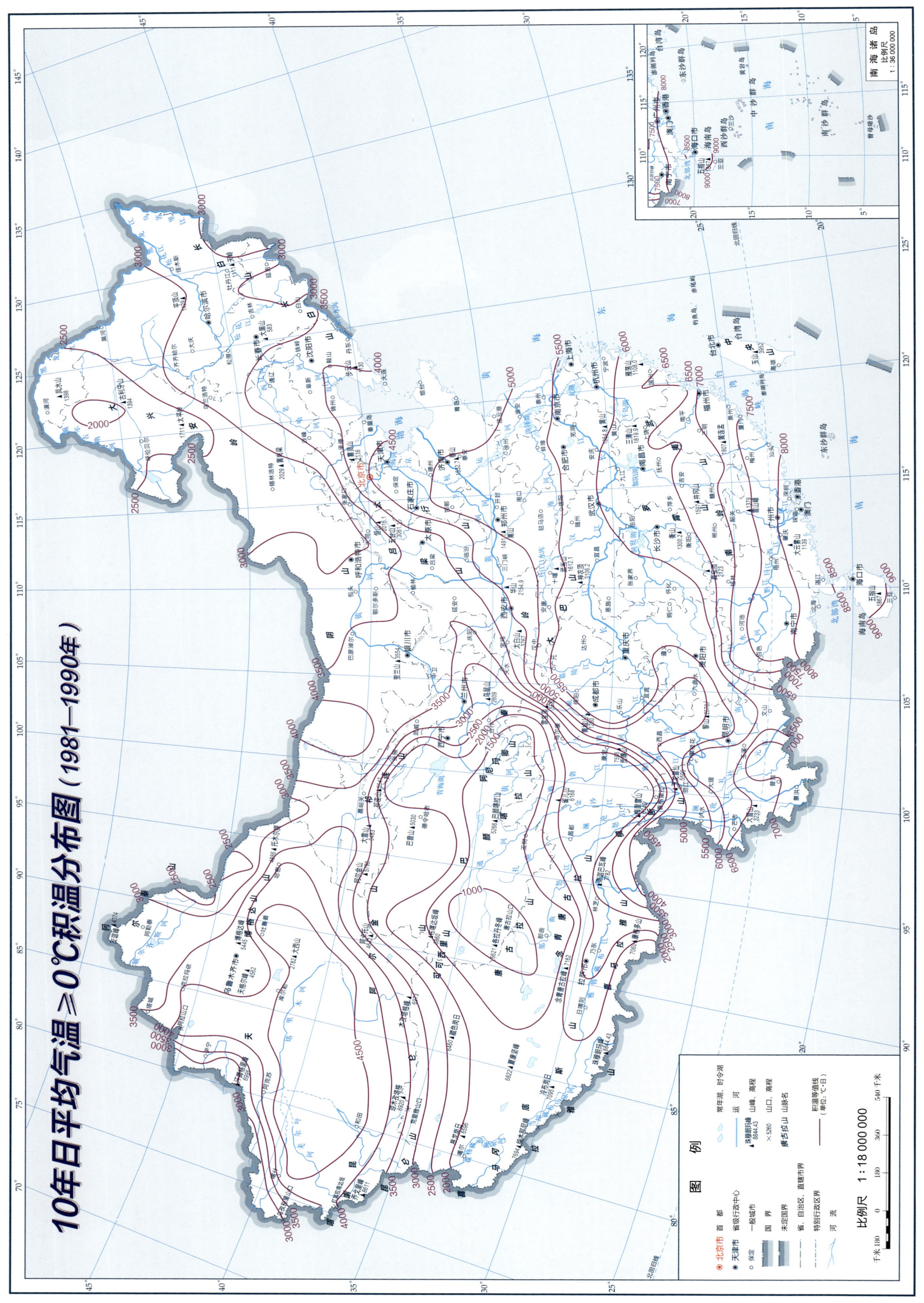

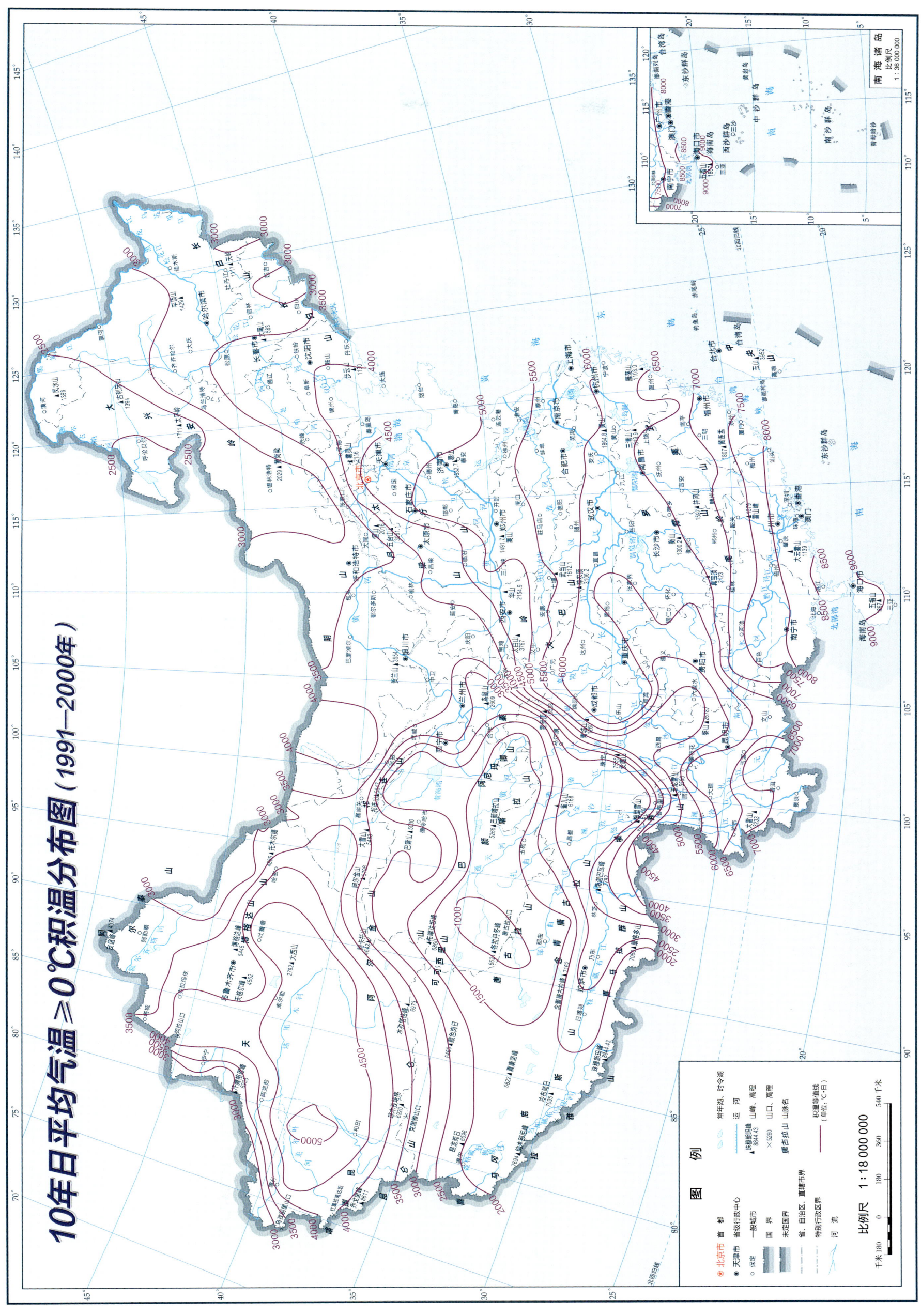

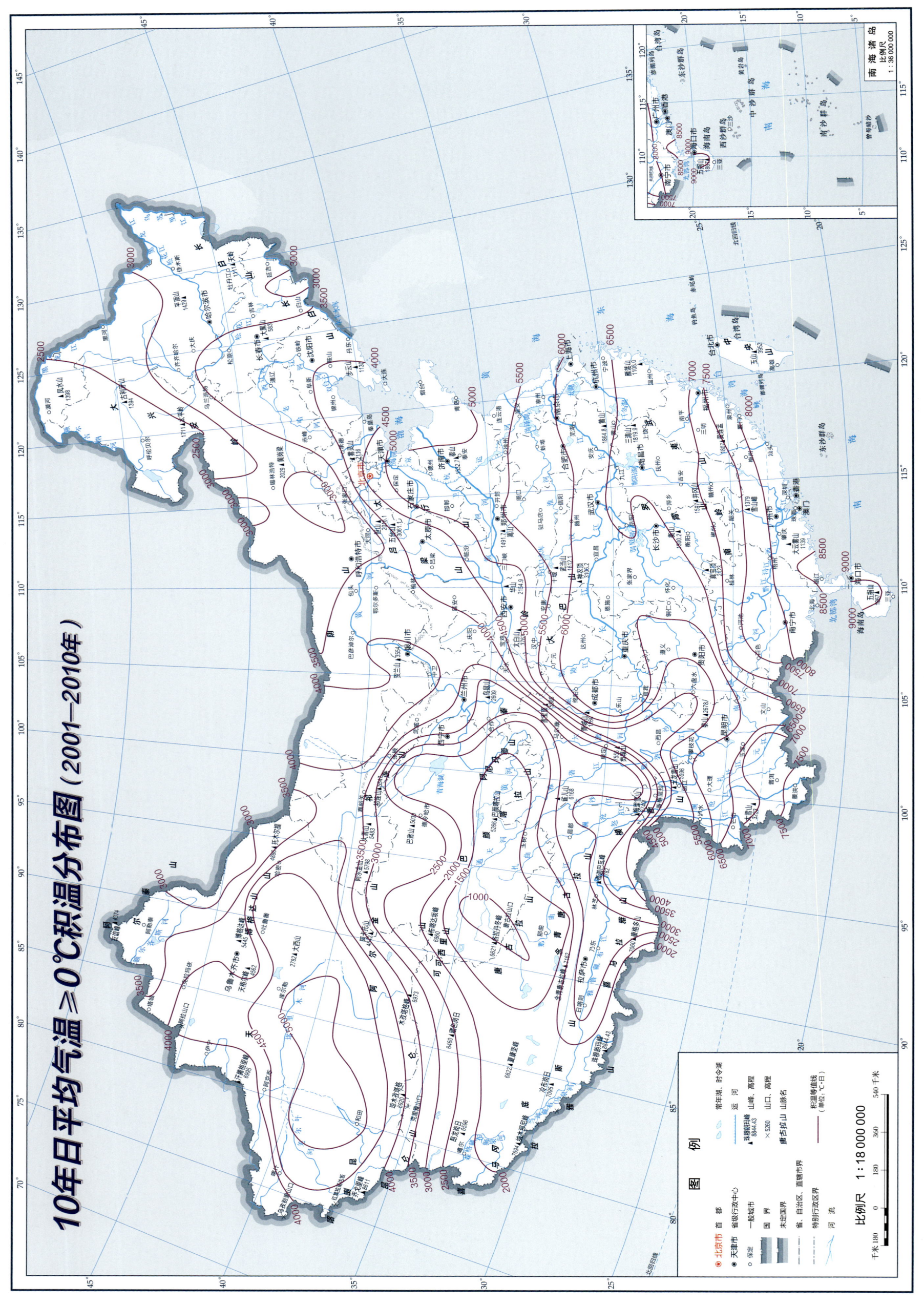
10年日平均气温≥0℃积温分布图（2001—2010年）

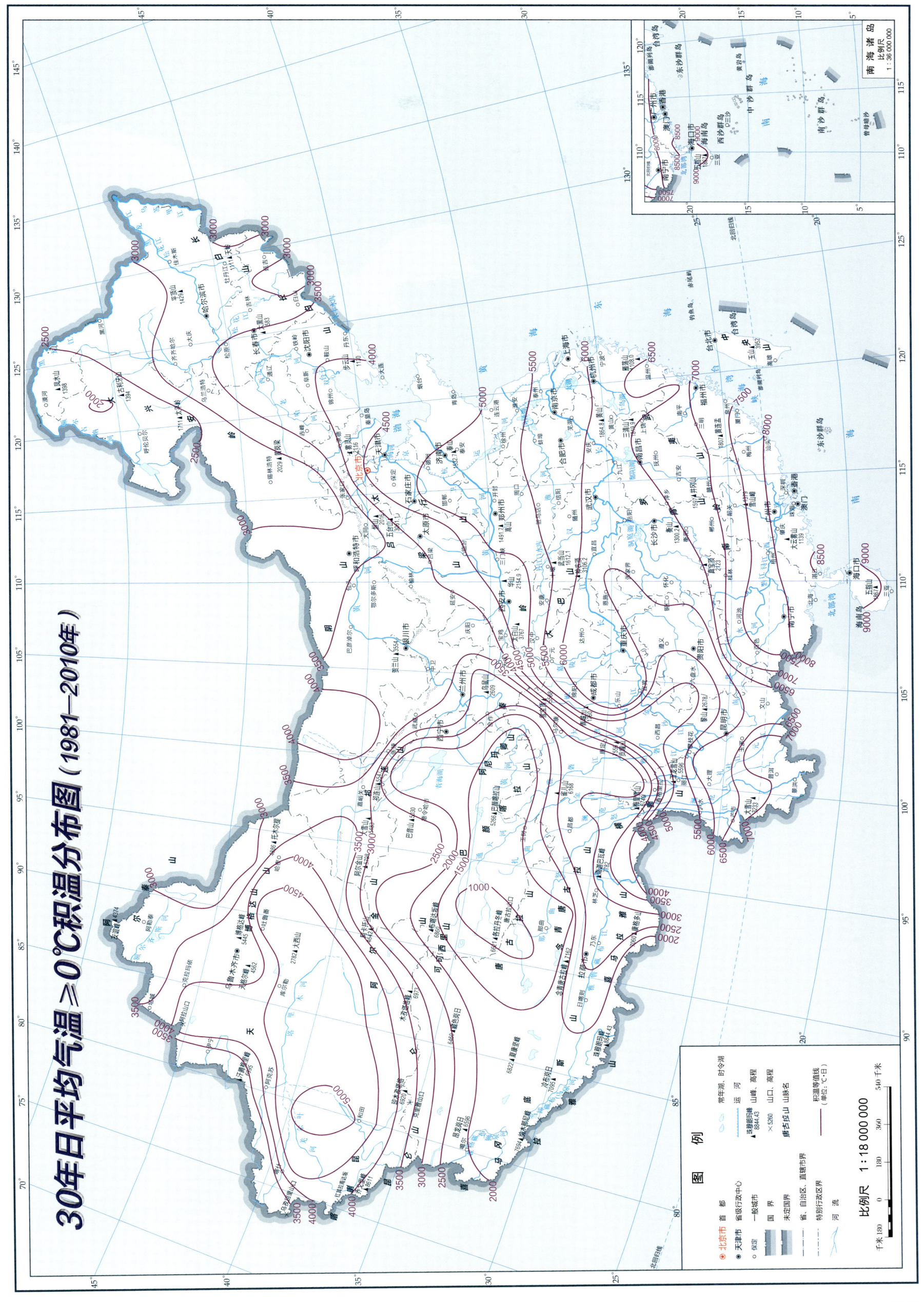
30年日平均气温≥0℃积温分布图（1981—2010年）

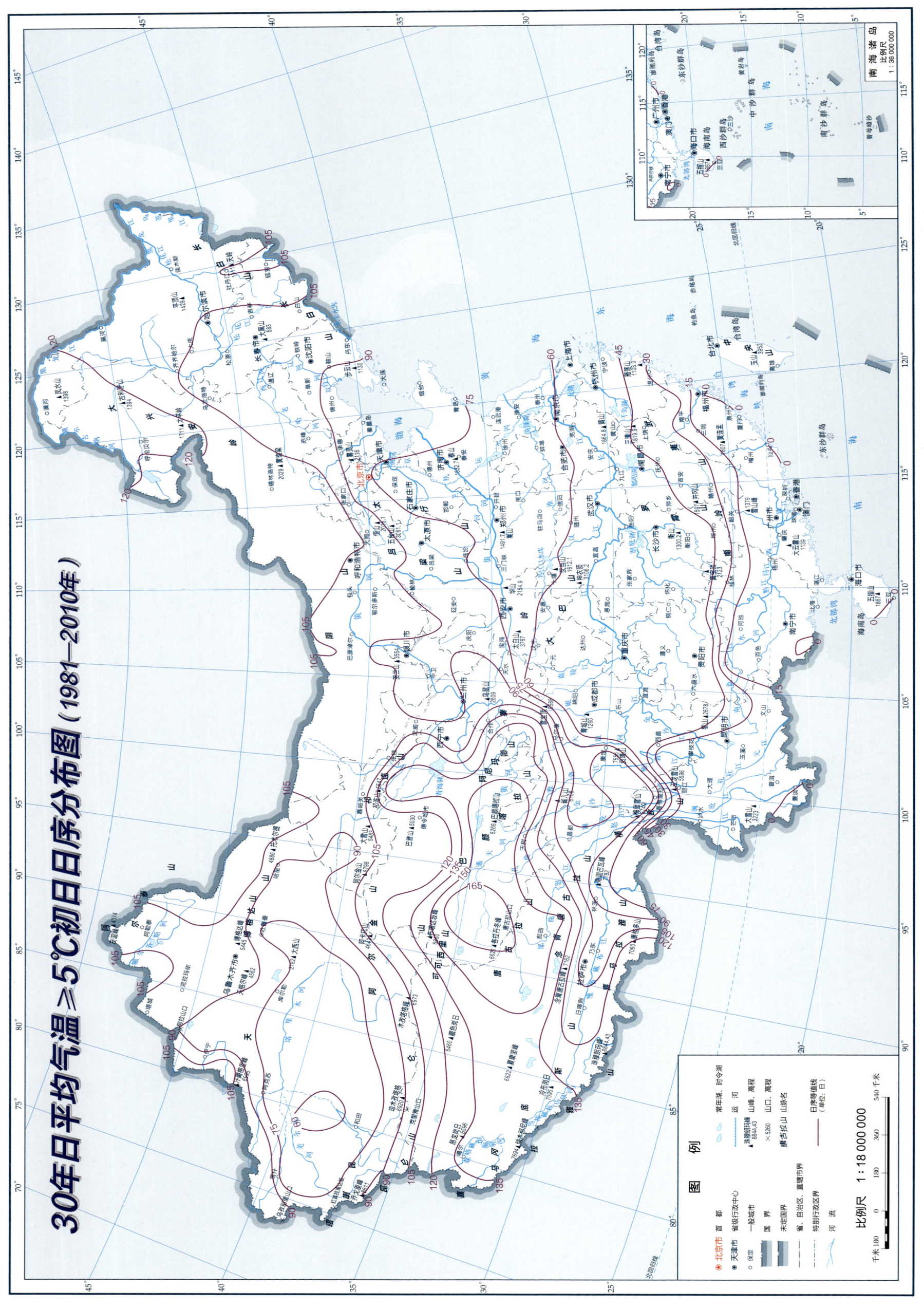

30年日平均气温≥5℃初日日序分布图（1981—2010年）

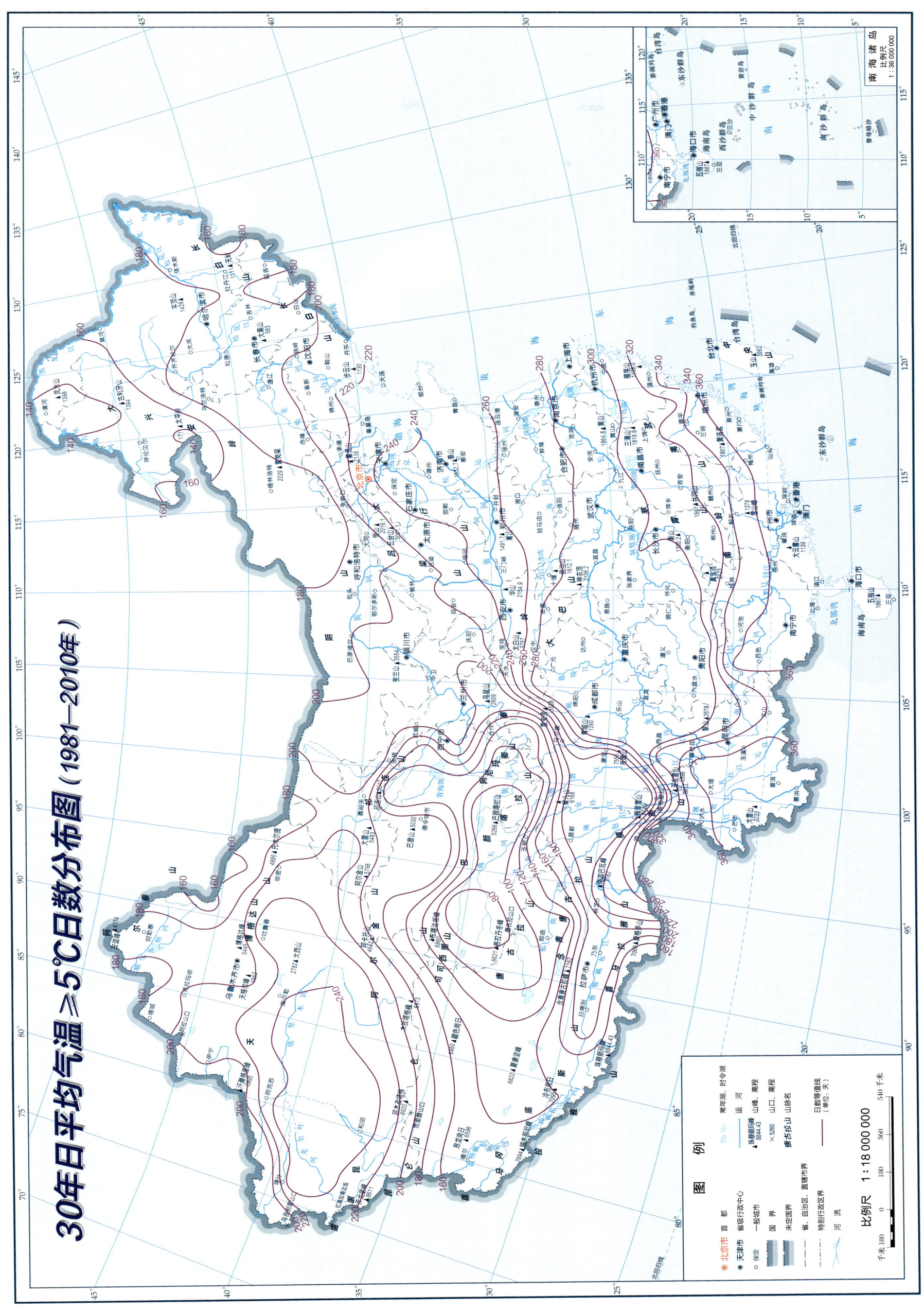

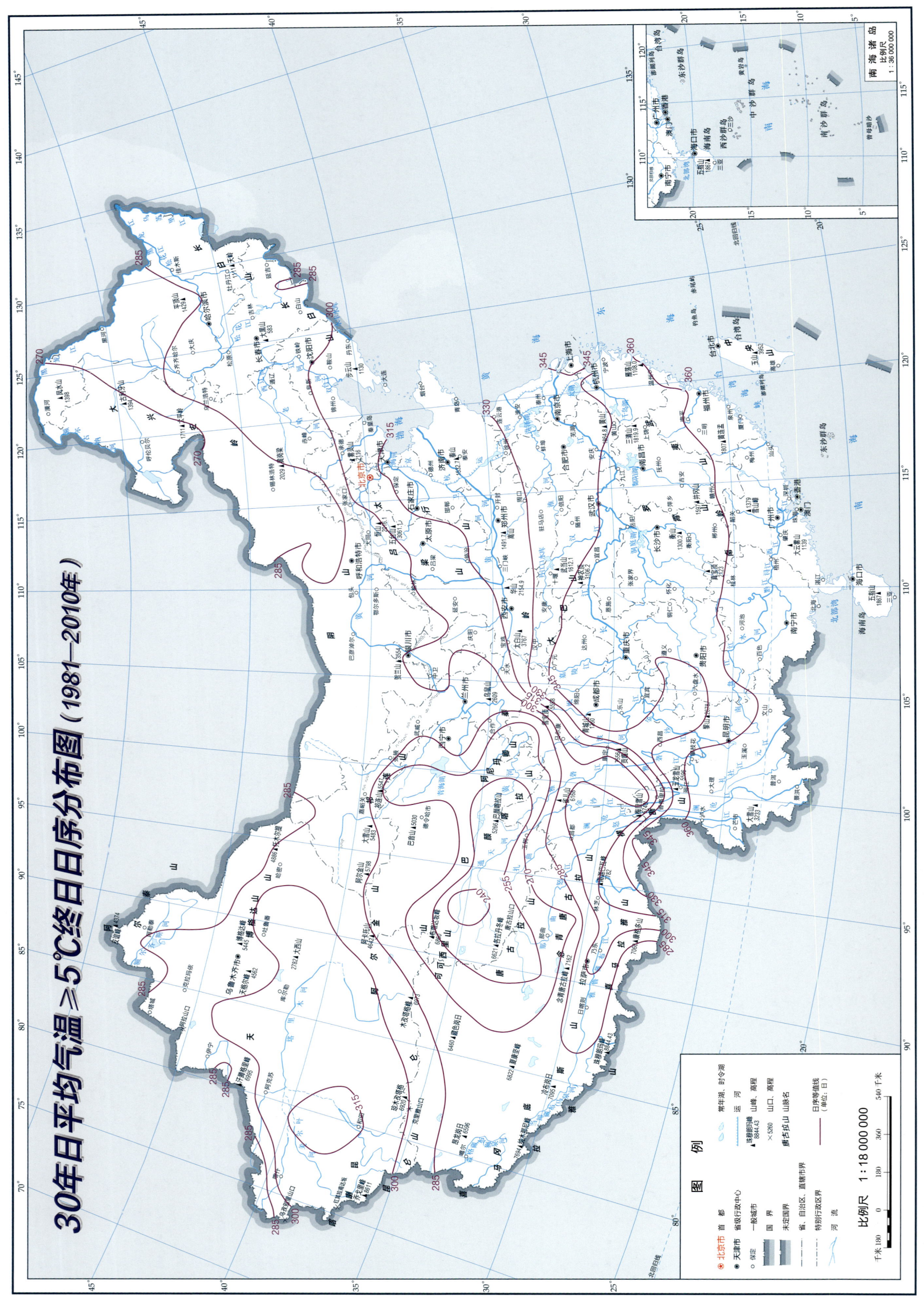

30年日平均气温≥5℃终日日序分布图（1981—2010年）

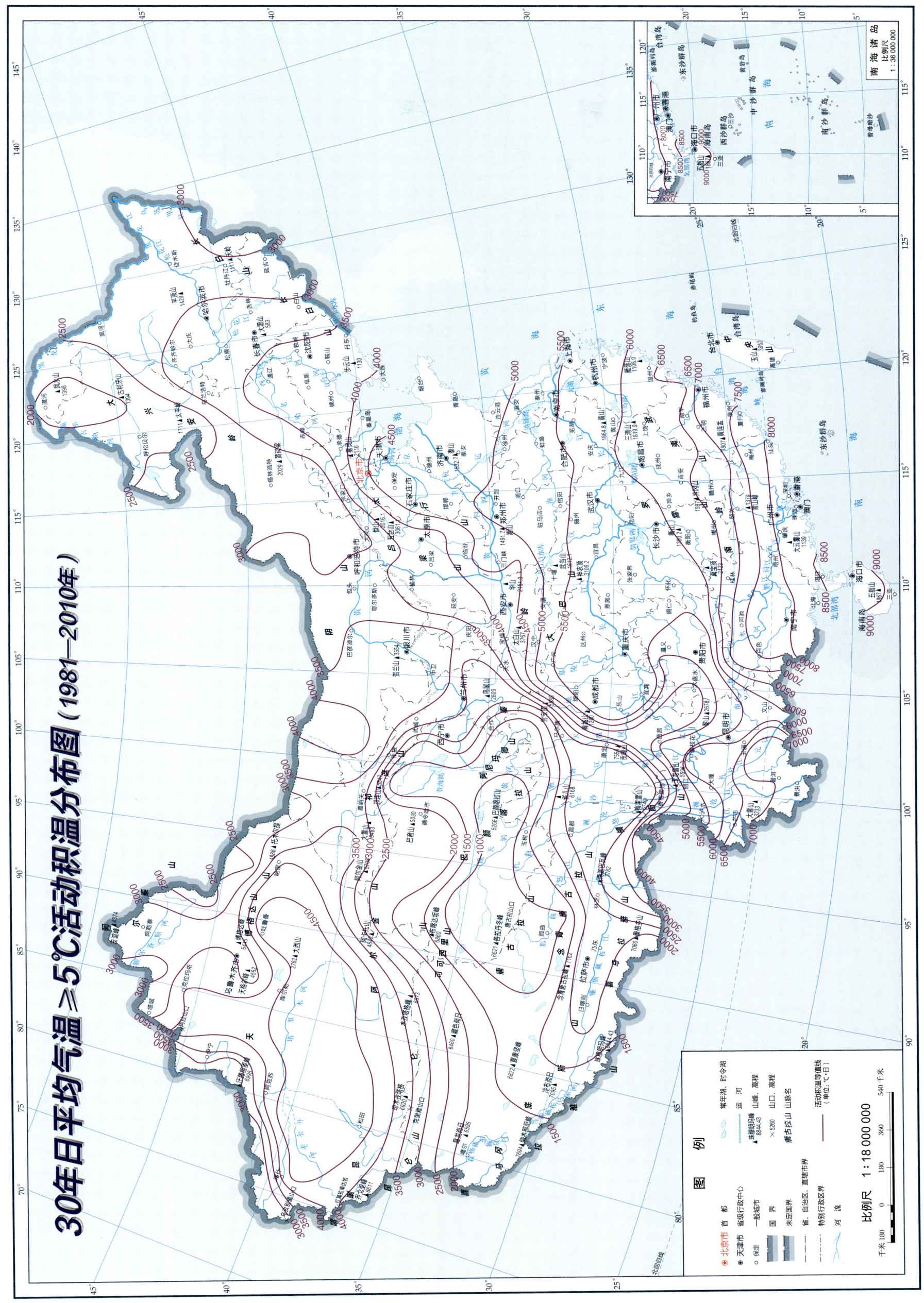
30年日平均气温≥5℃活动积温分布图（1981—2010年）

30年日平均气温≥5℃有效积温分布图（1981—2010年）

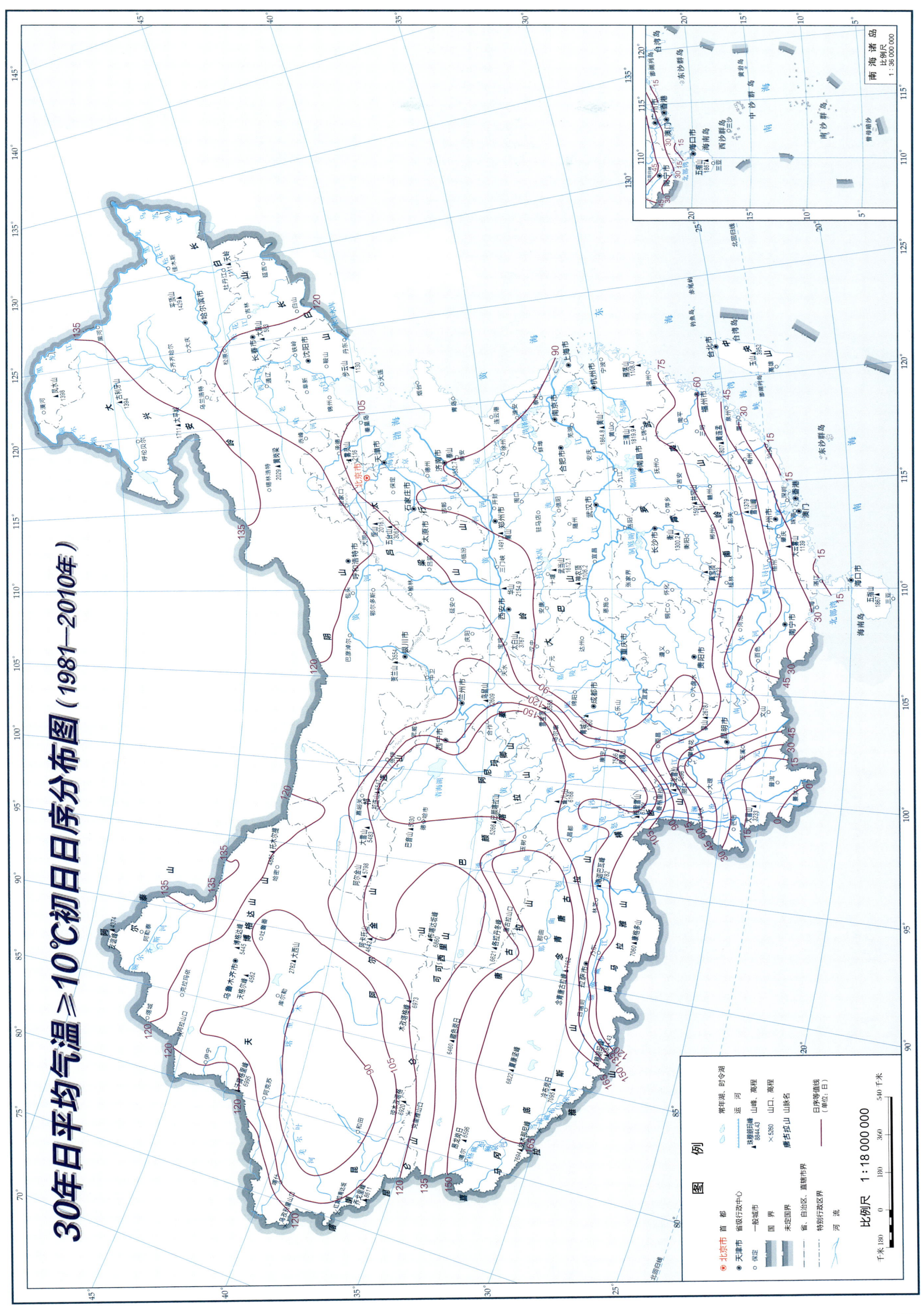
30年日平均气温≥10℃初日日序分布图（1981—2010年）

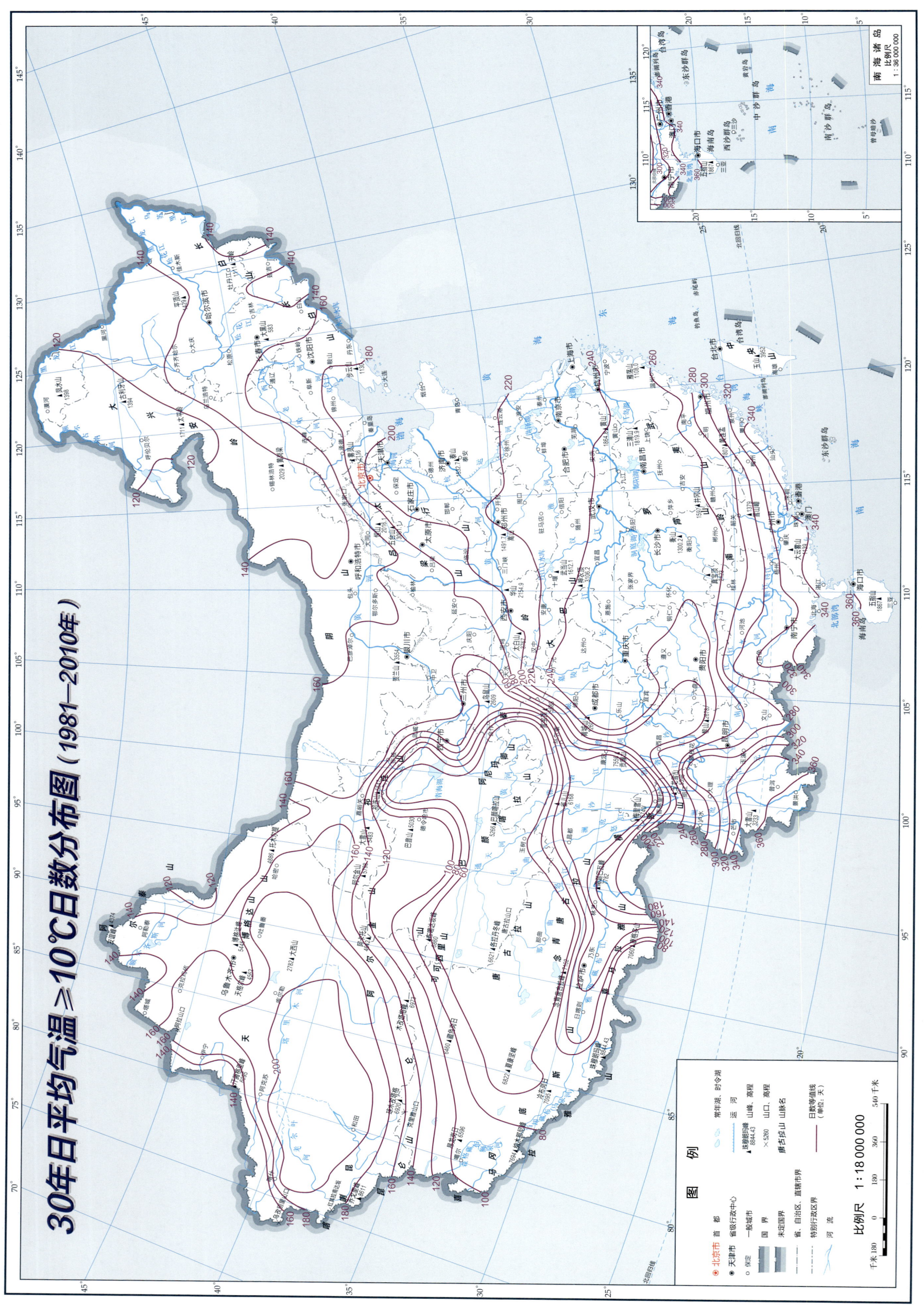

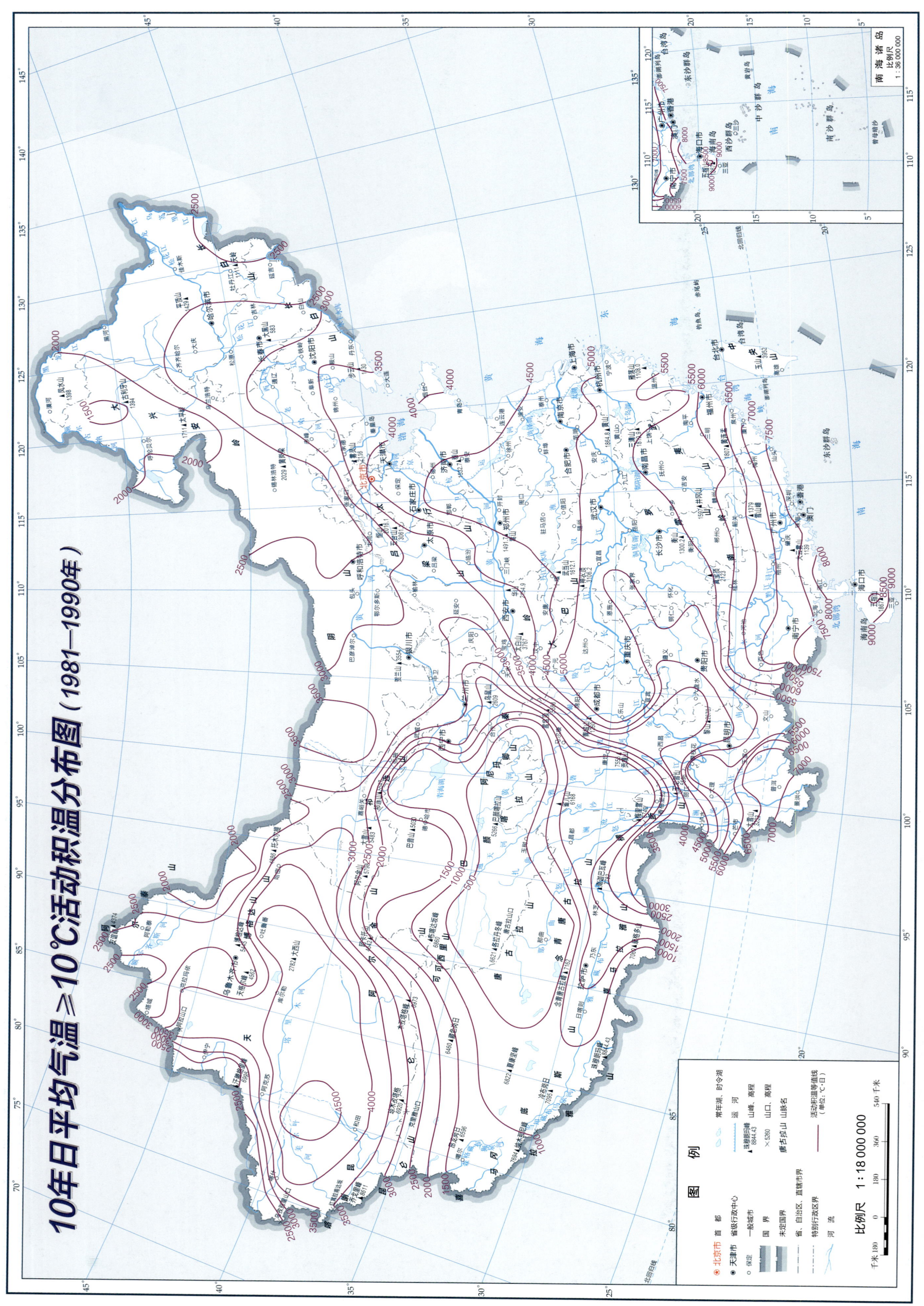

10年日平均气温≥10℃活动积温分布图（1981—1990年）

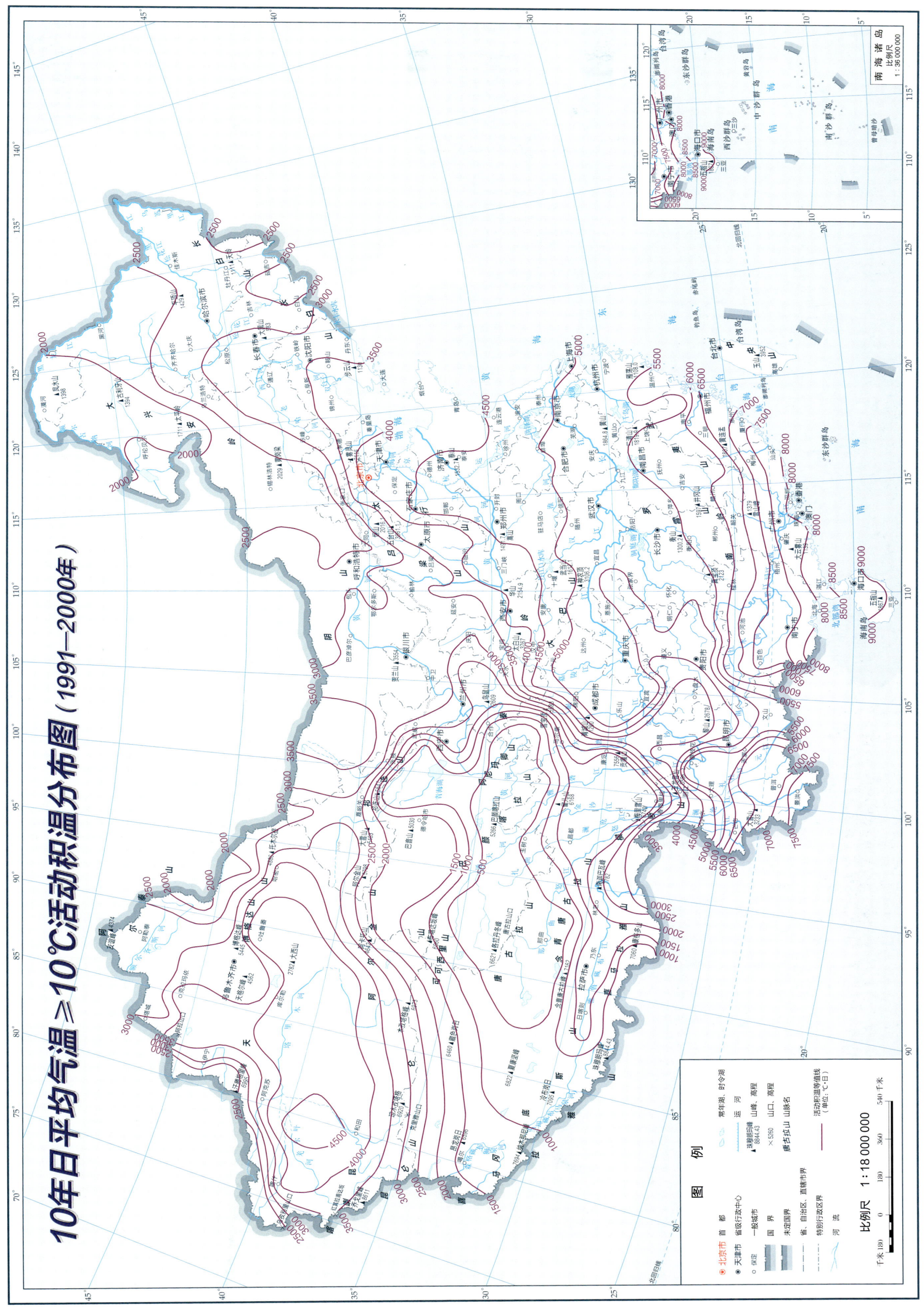

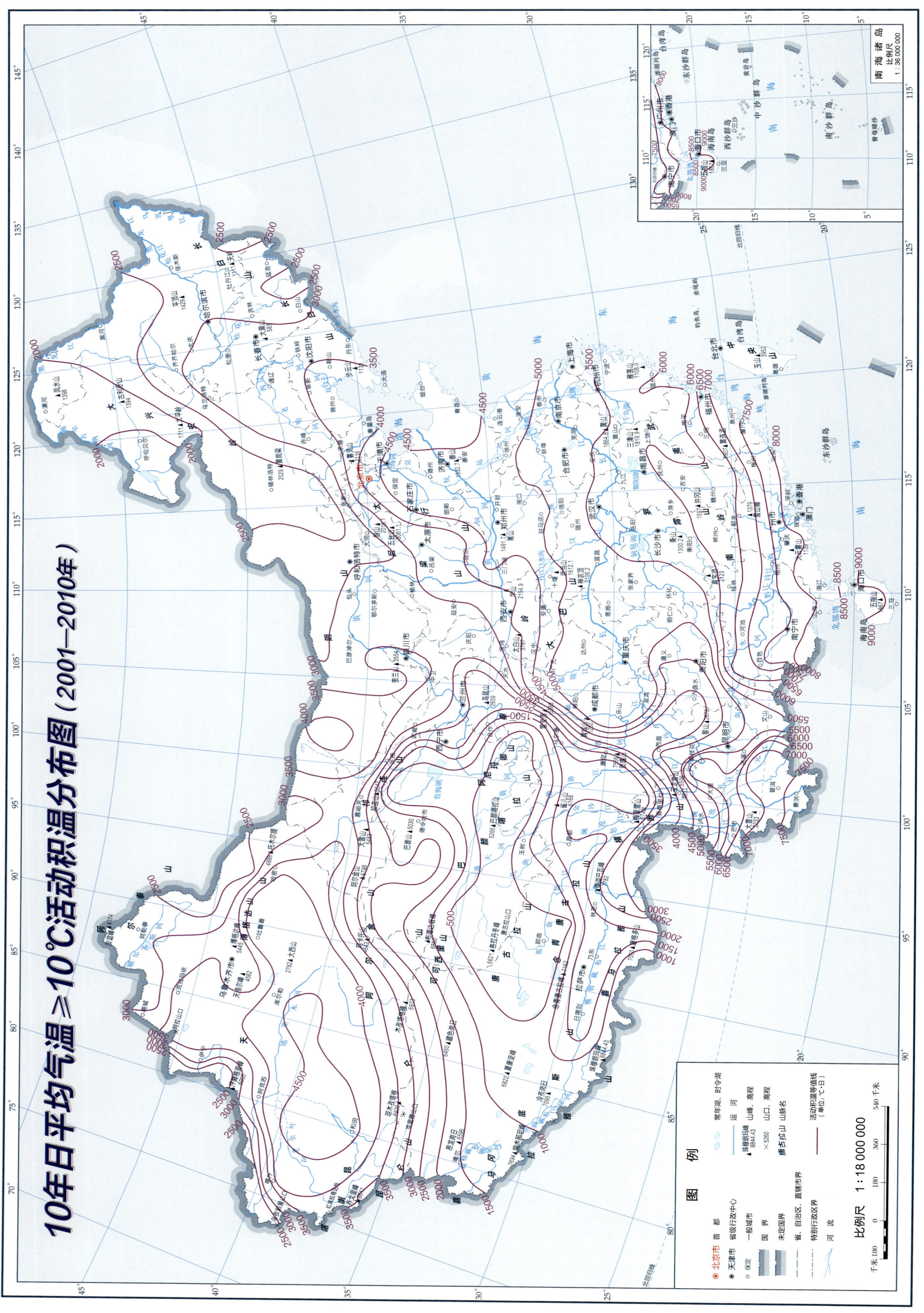

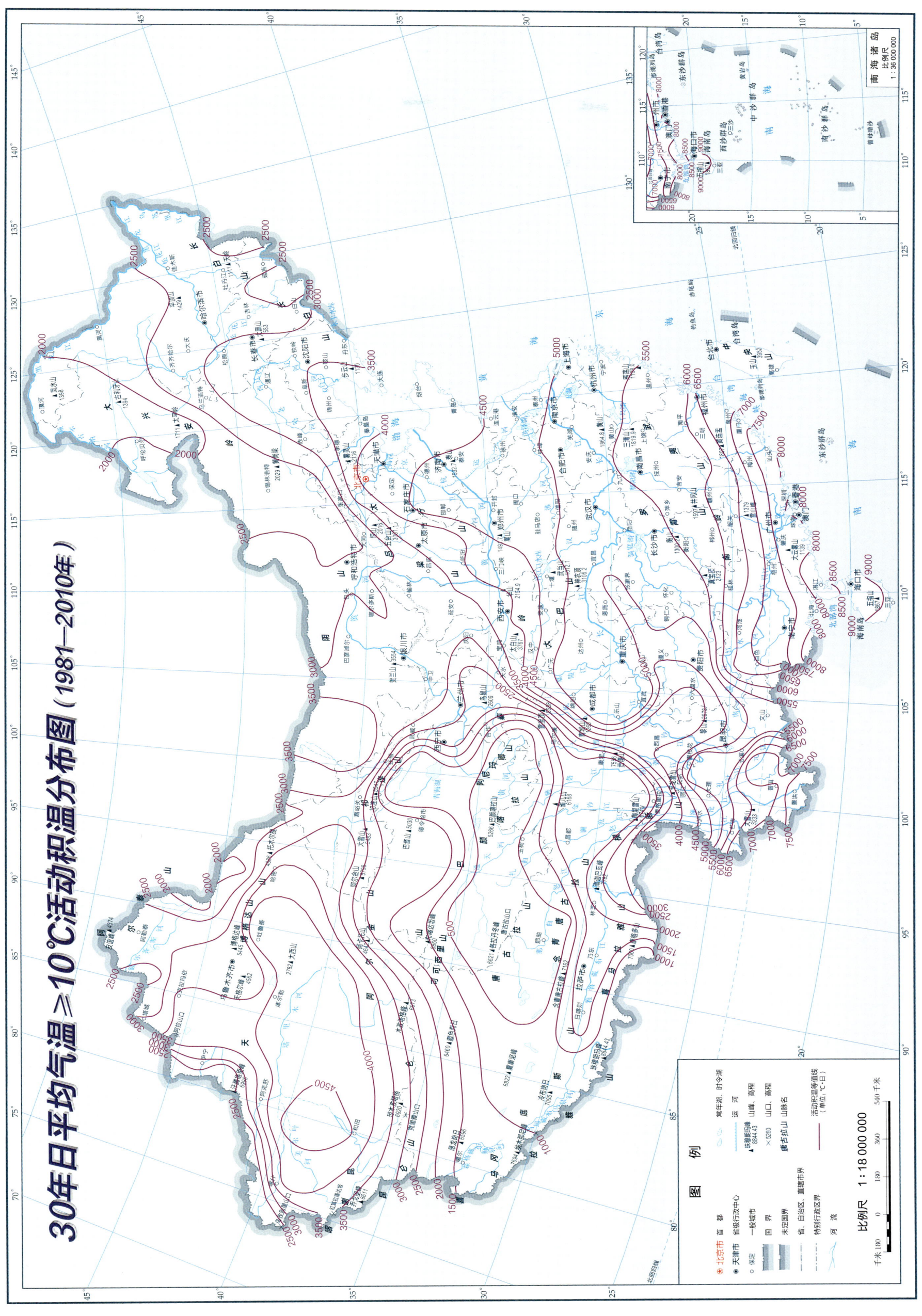

10年日平均气温≥10℃有效积温分布图（1981—1990年）

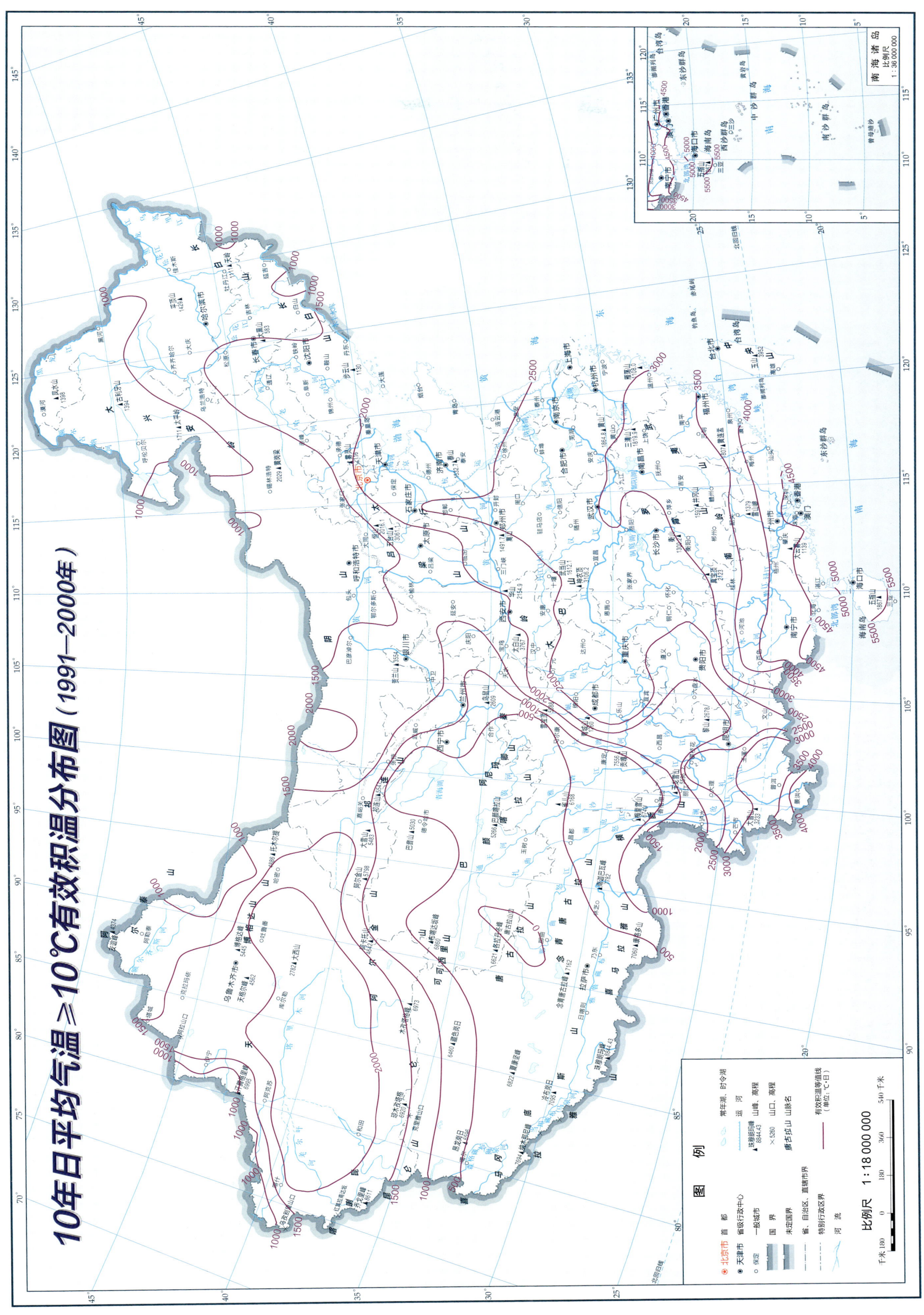

10年日平均气温≥10℃有效积温分布图（1991—2000年）

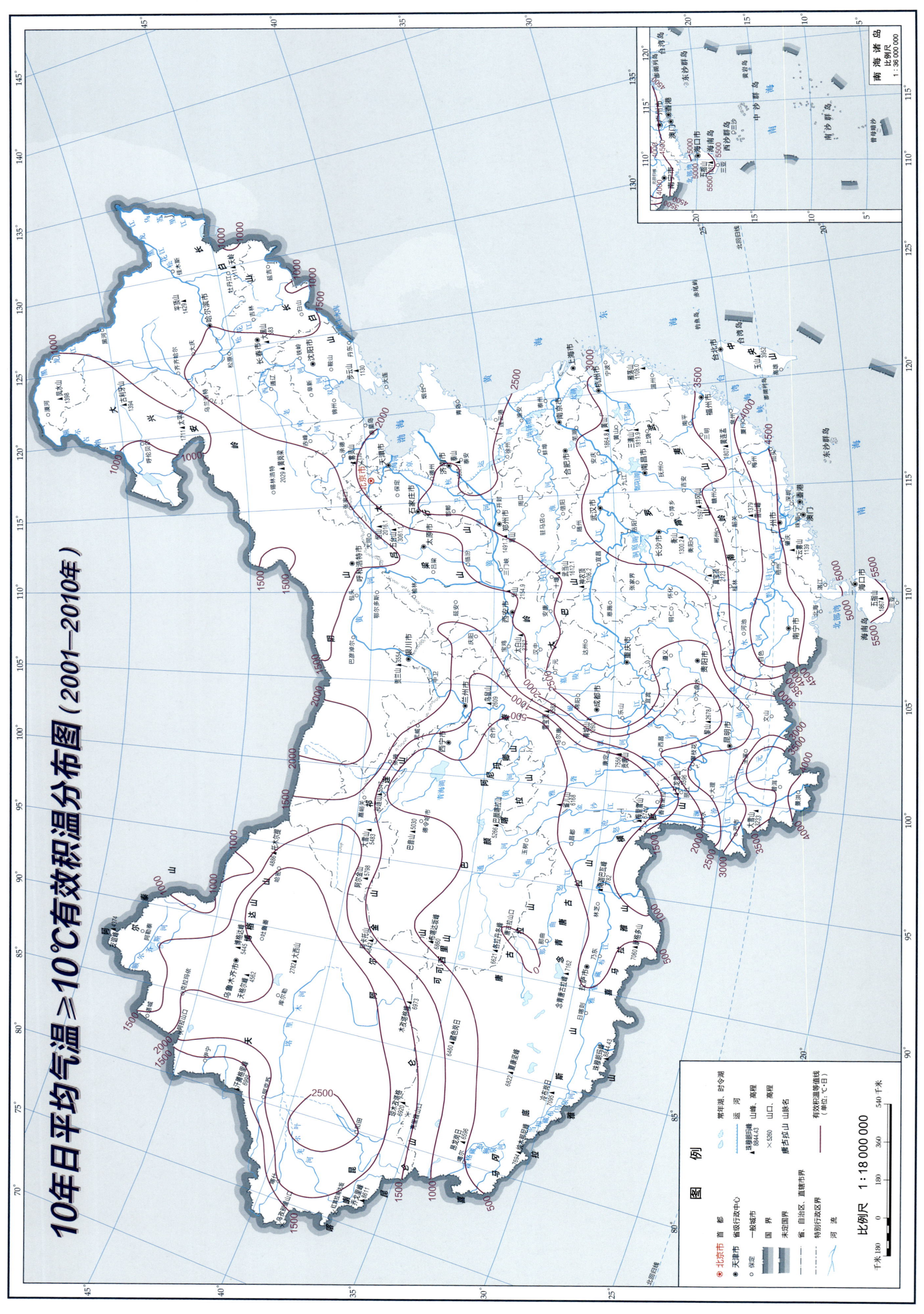

30年日平均气温≥15℃初日日序分布图（1981—2010年）

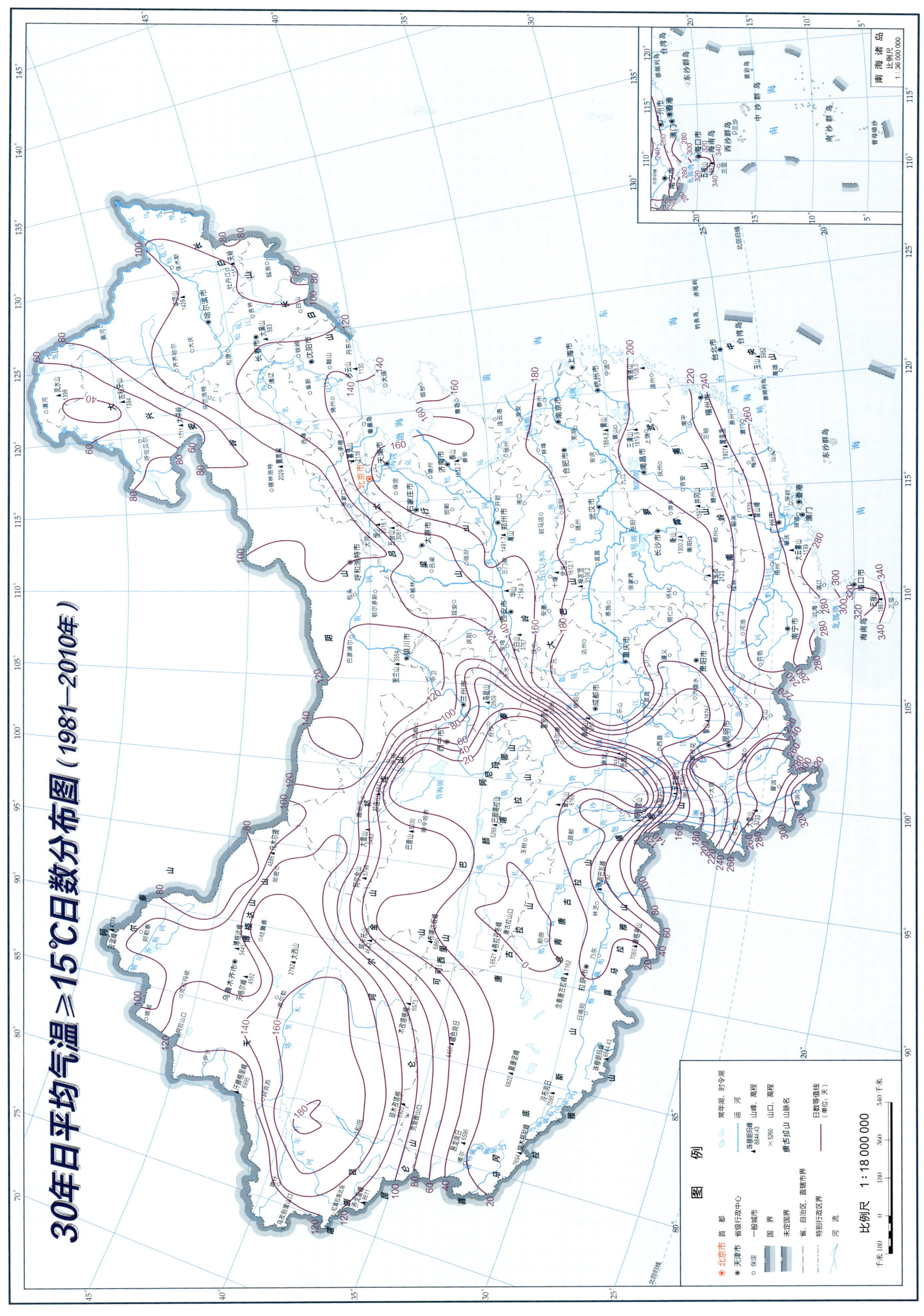

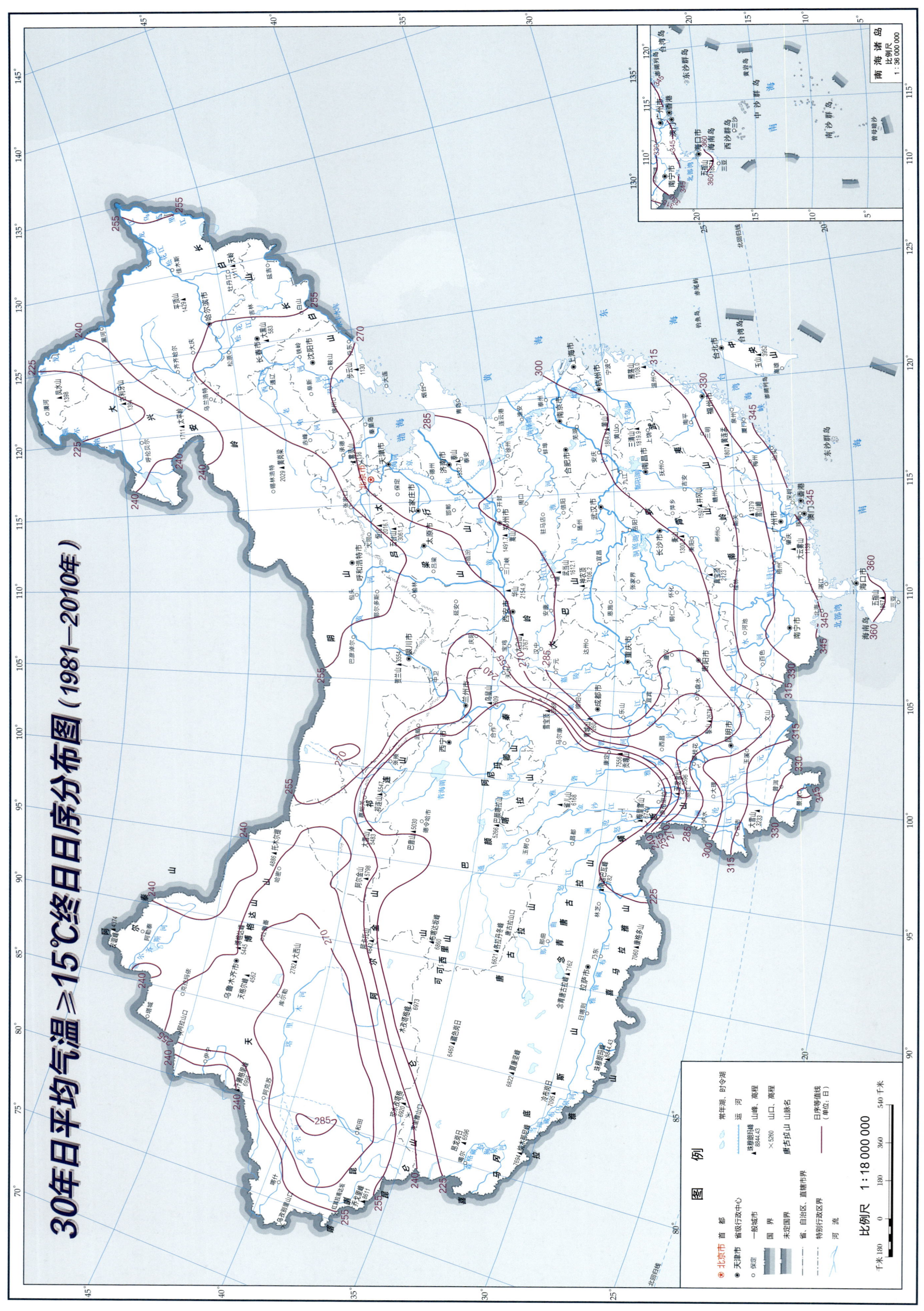

30年日平均气温≥15℃终日日序分布图（1981—2010年）

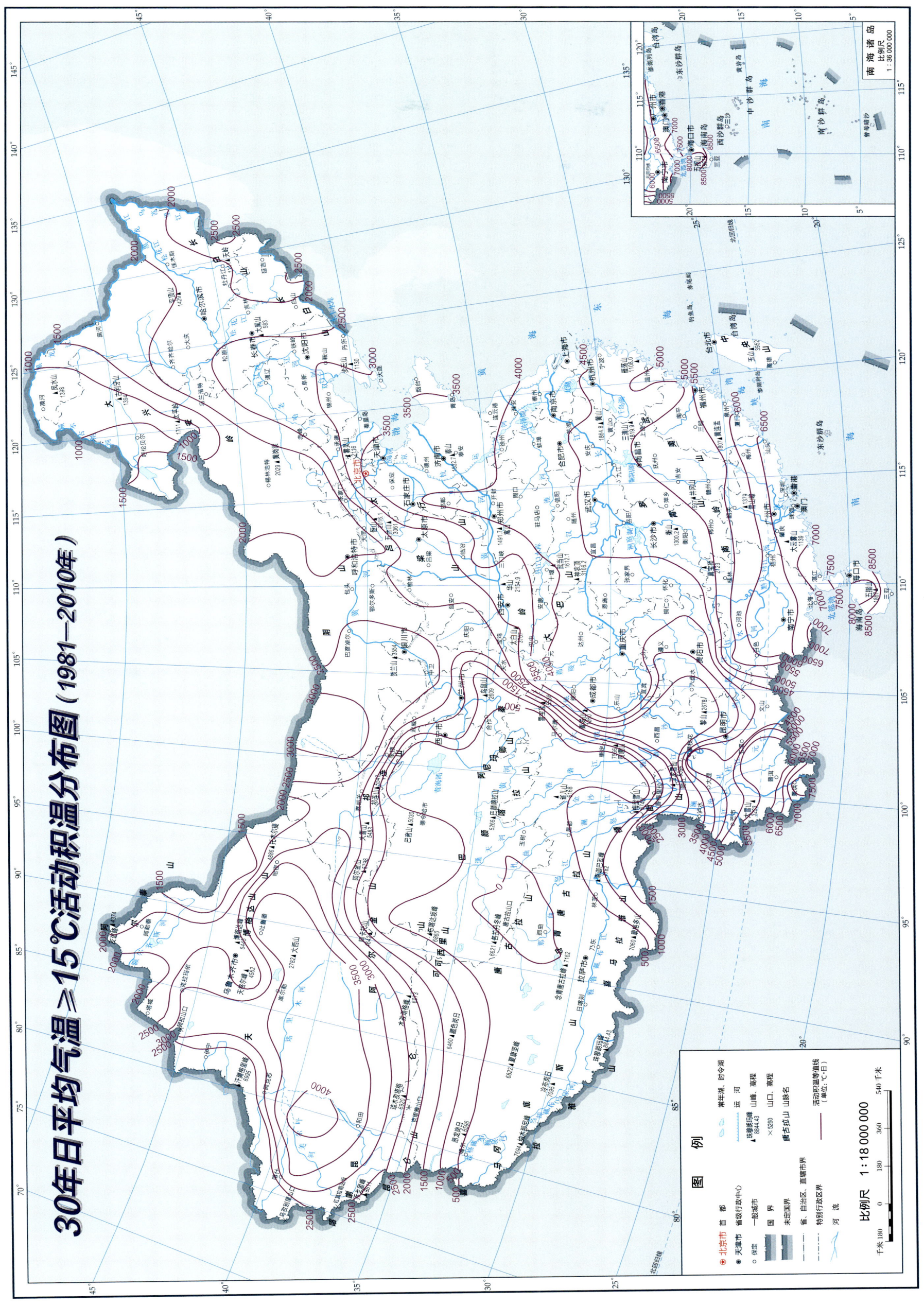

30年日平均气温≥15℃有效积温分布图（1981—2010年）

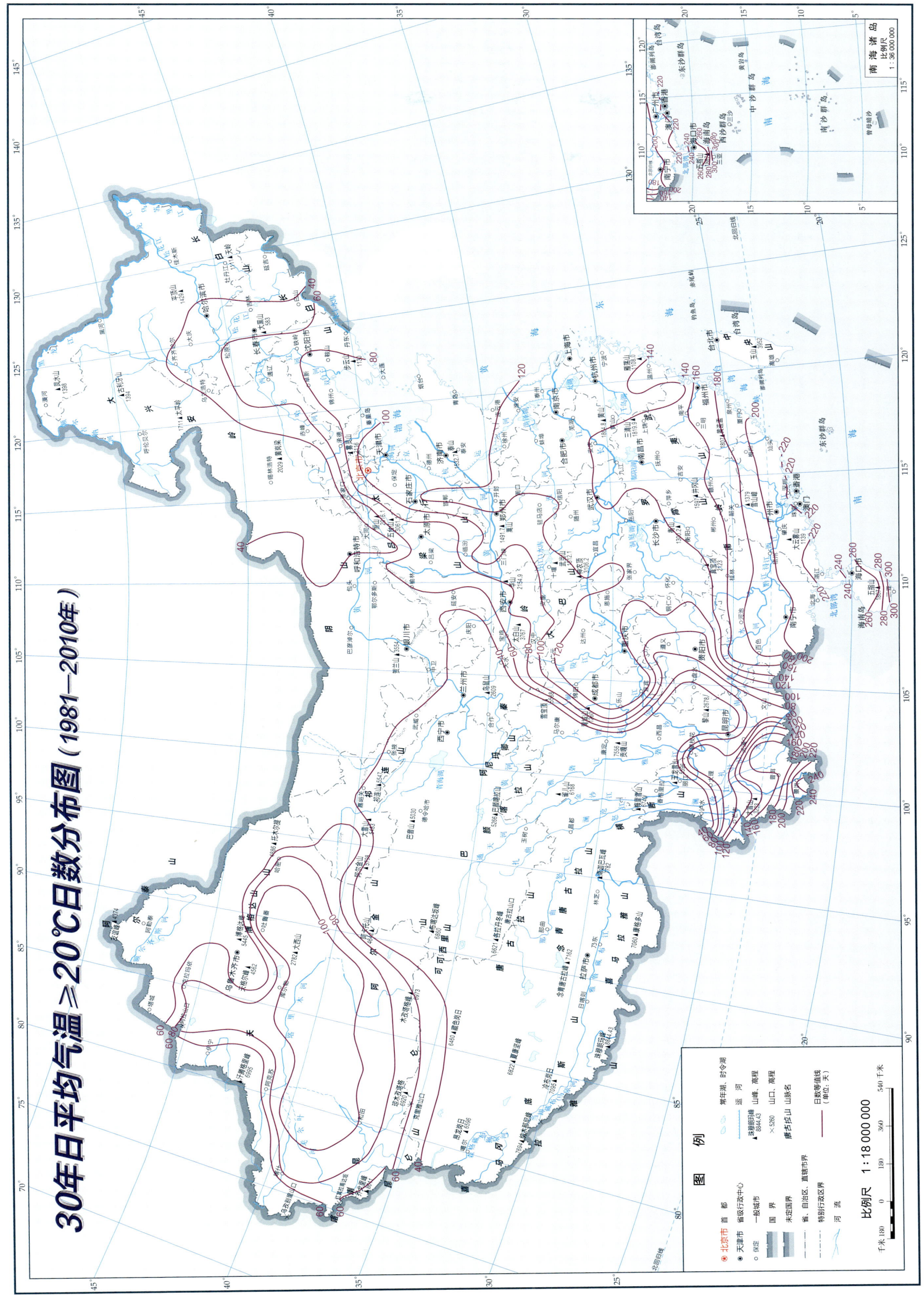
30年日平均气温≥20℃日数分布图（1981—2010年）

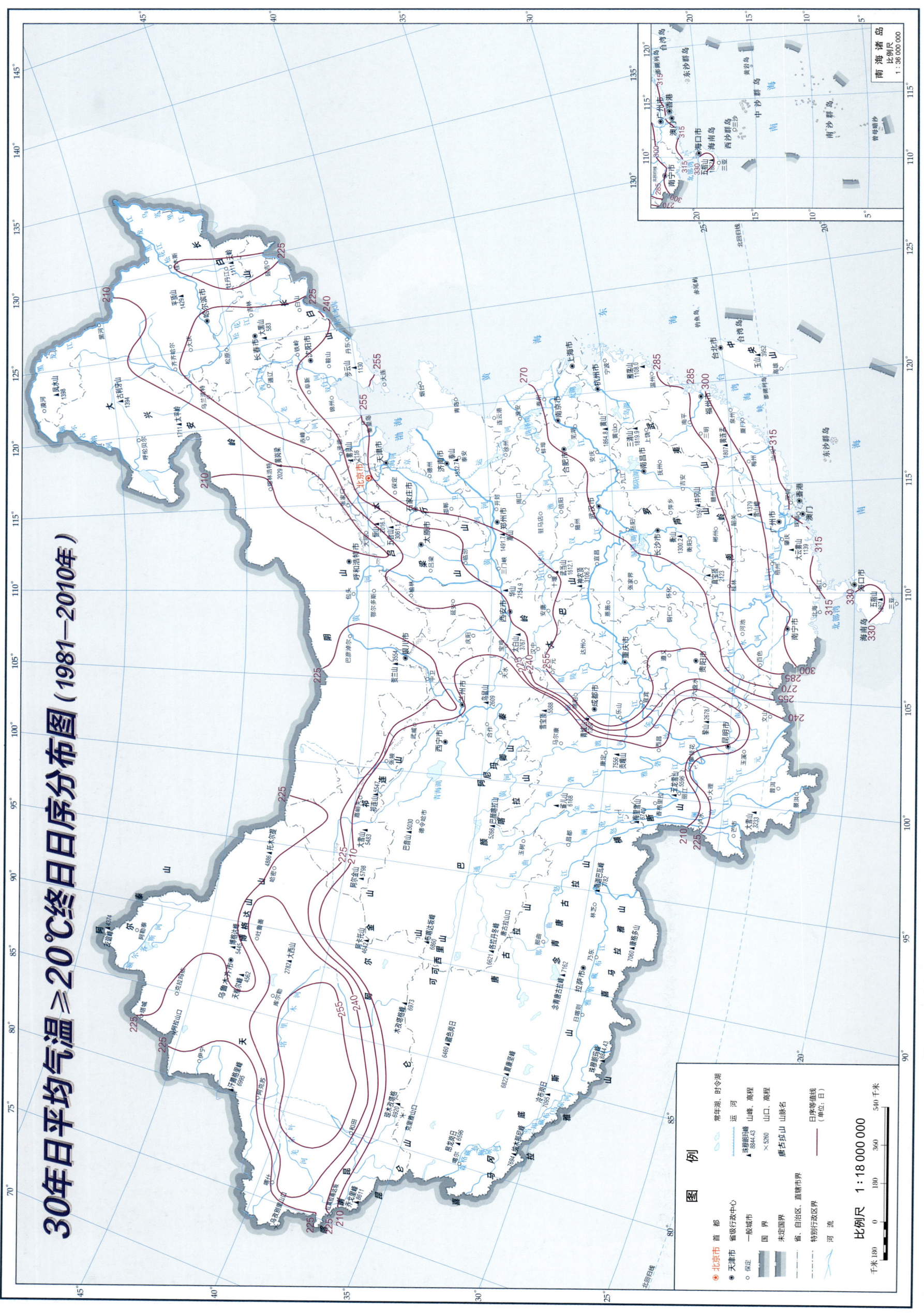

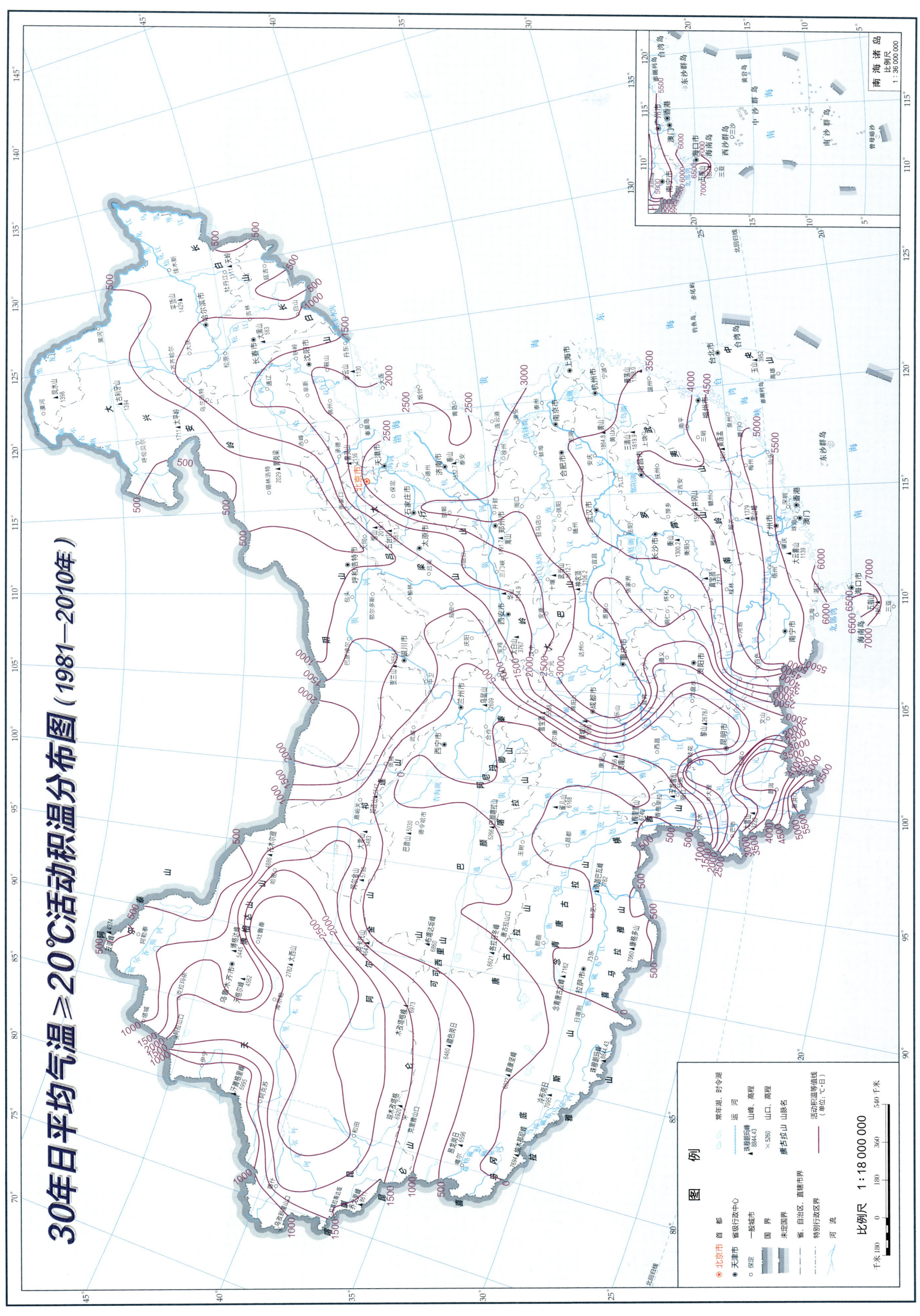
30年日平均气温≥20℃活动积温分布图（1981—2010年）

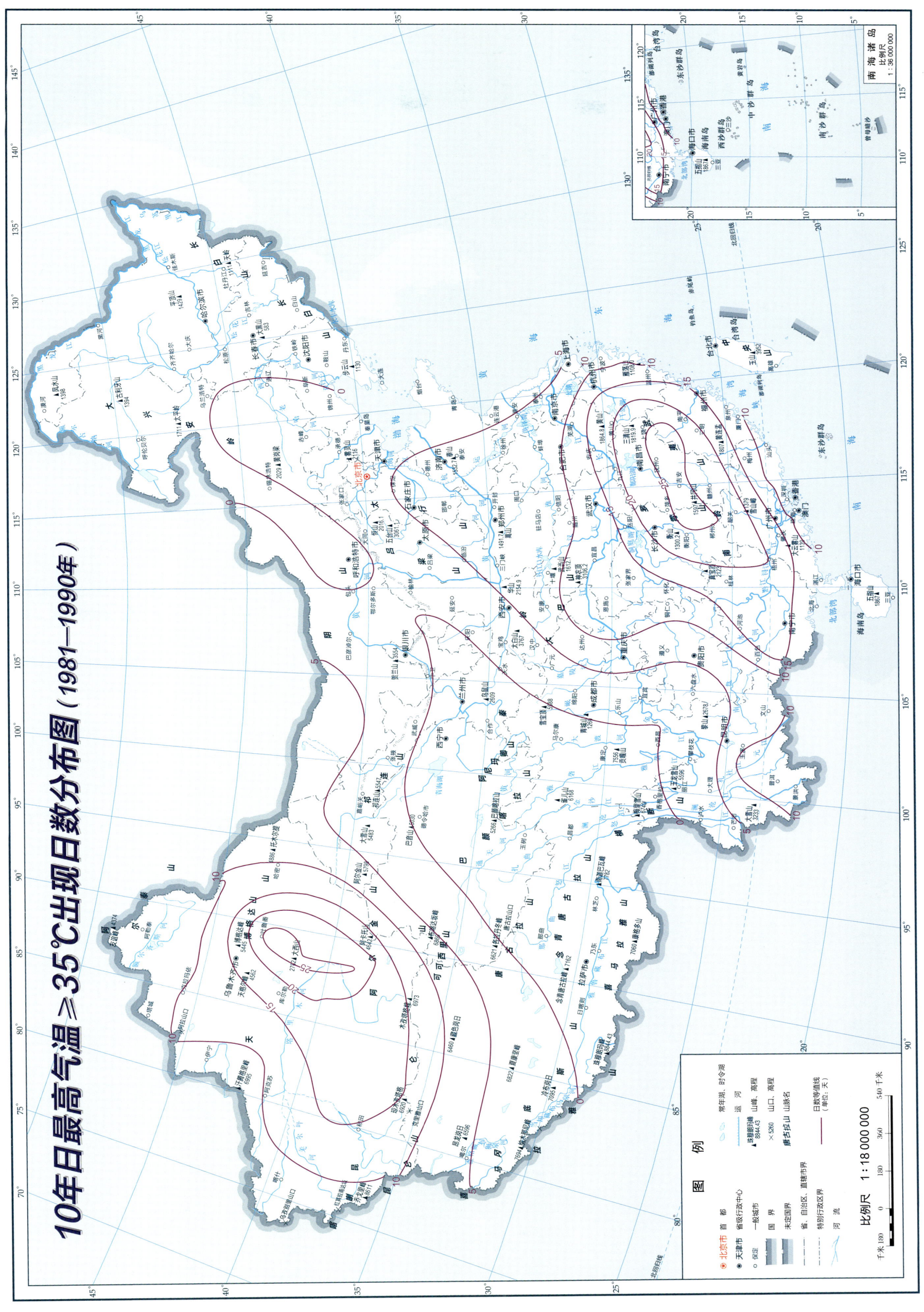

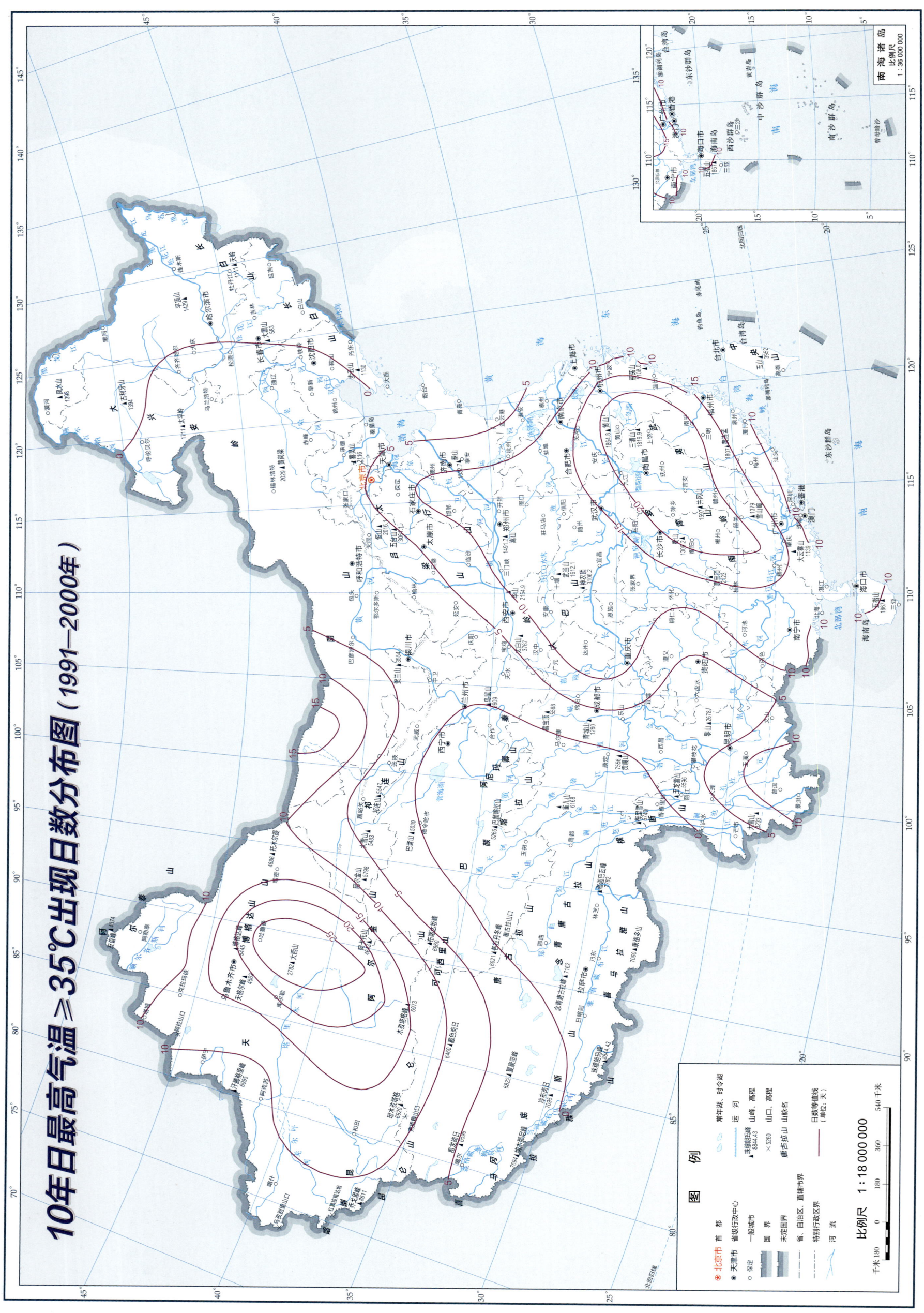

10年日最高气温≥35℃出现日数分布图（1991—2000年）

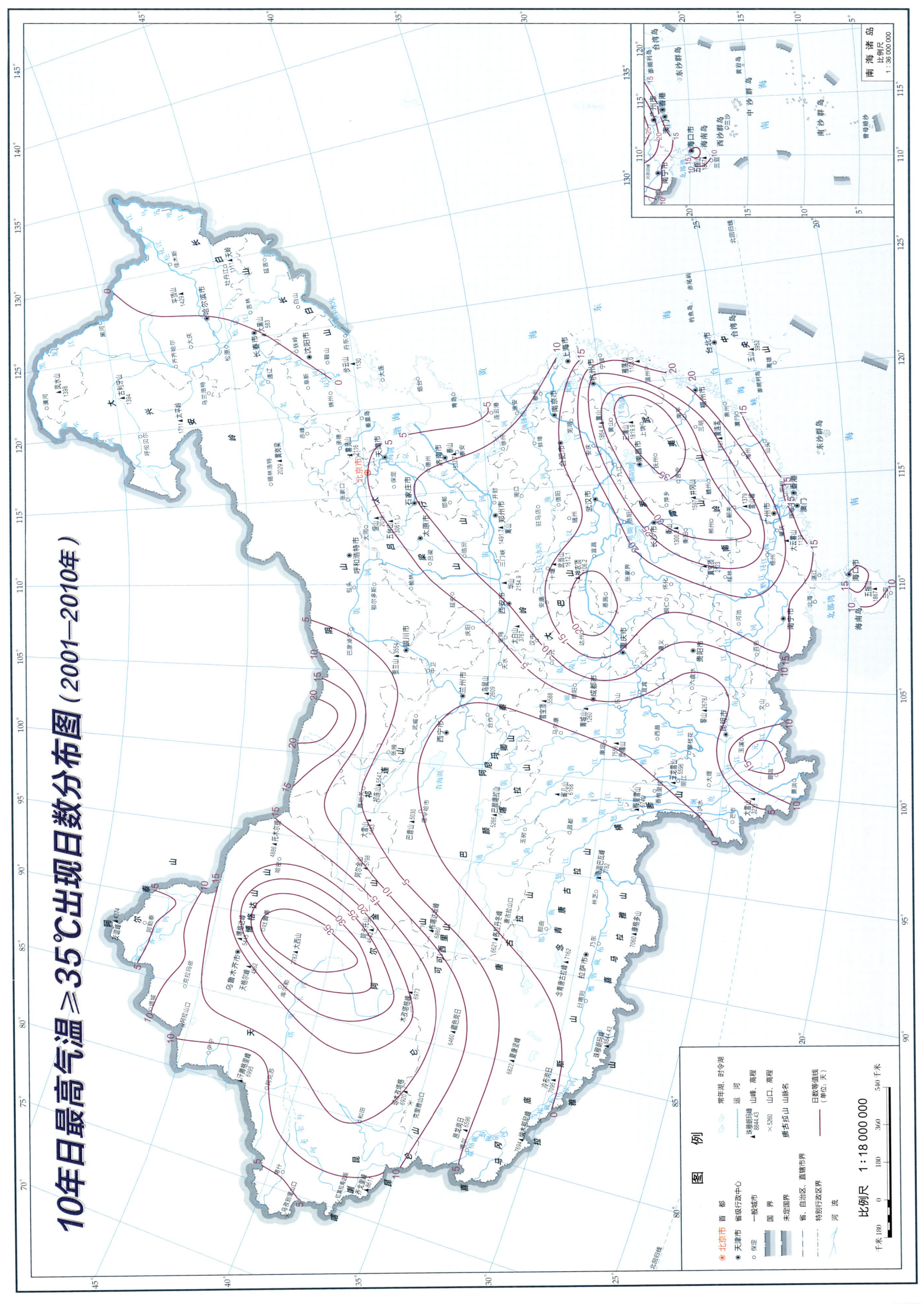

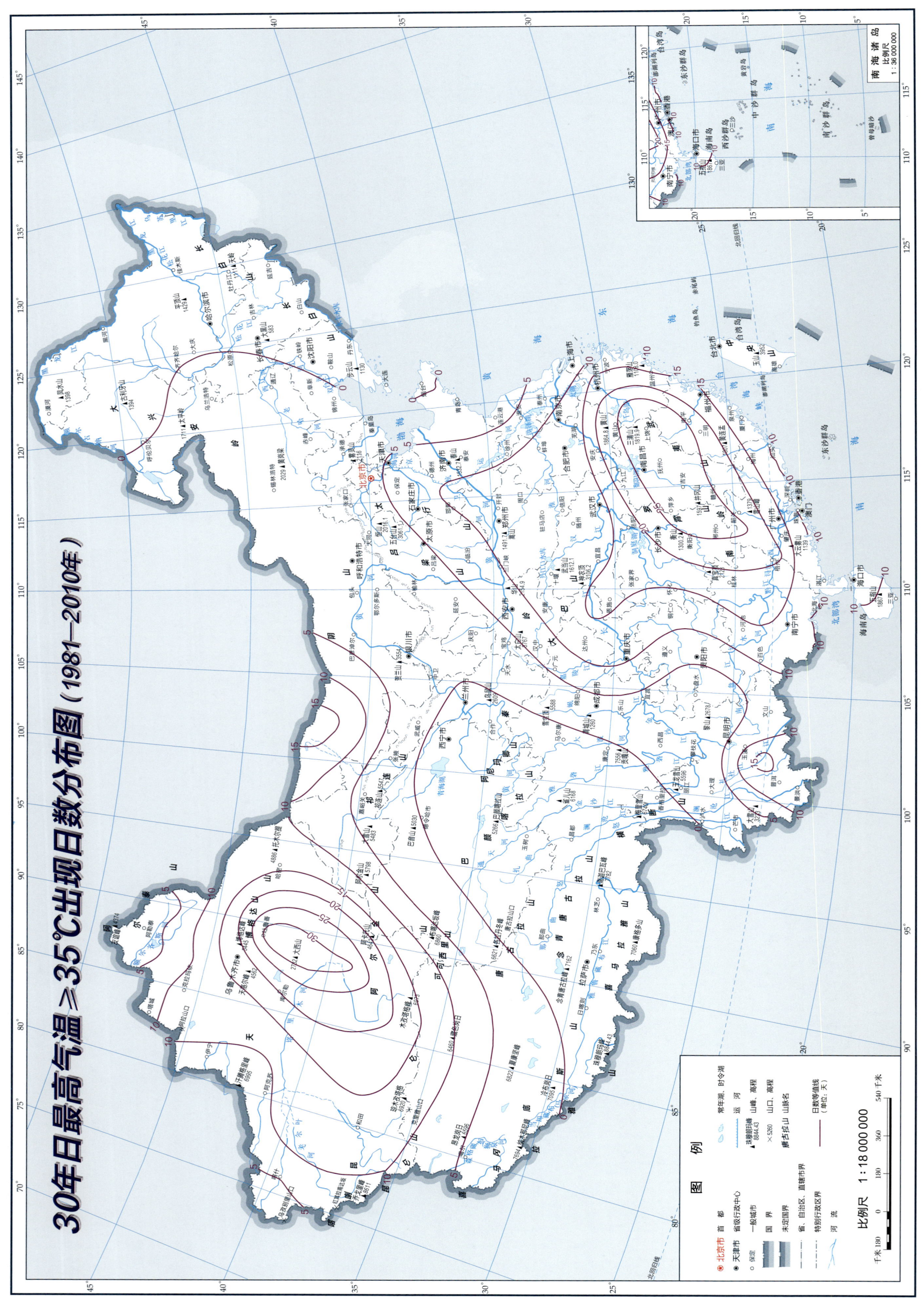
30年日最高气温≥35℃出现日数分布图（1981–2010年）

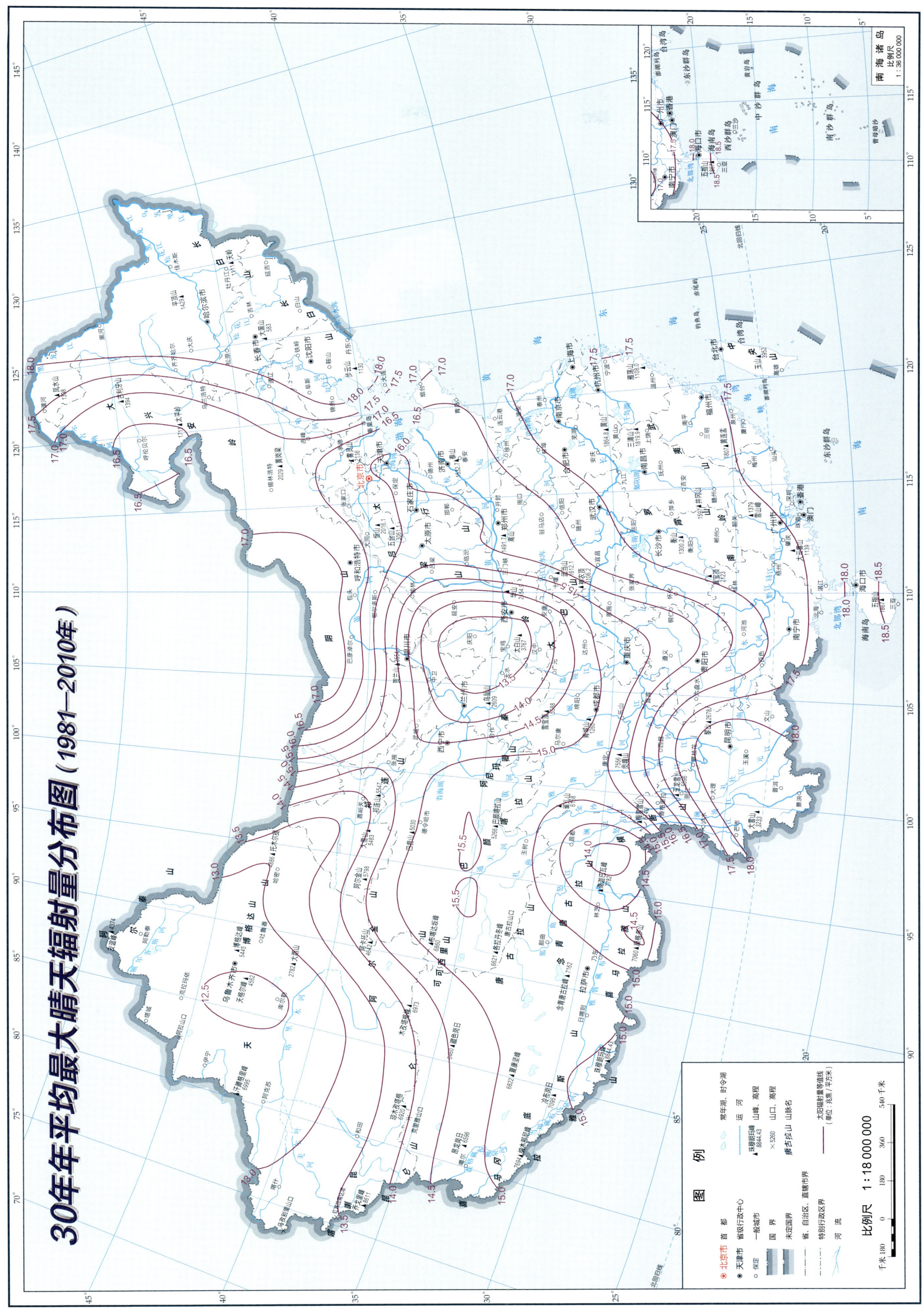

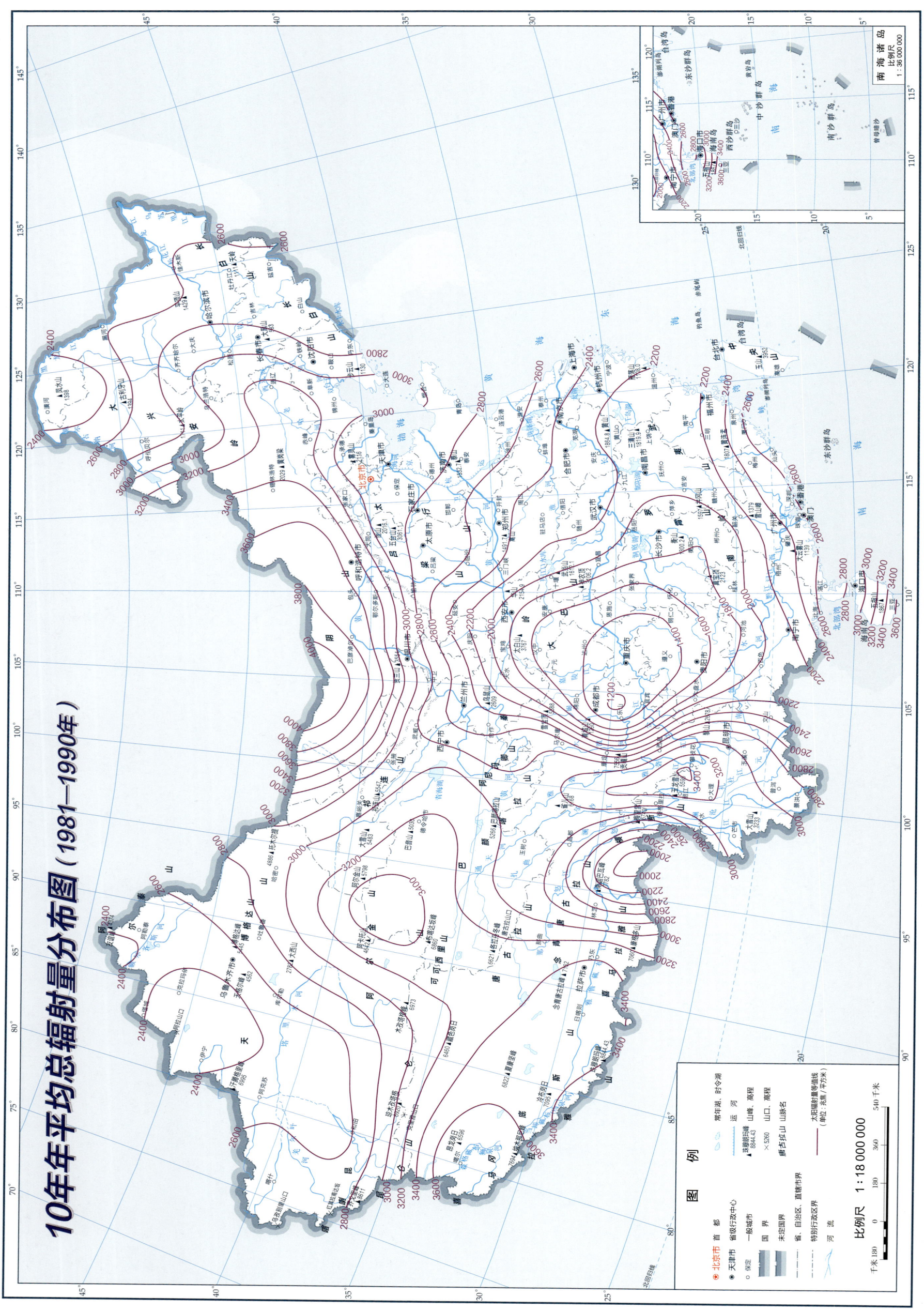

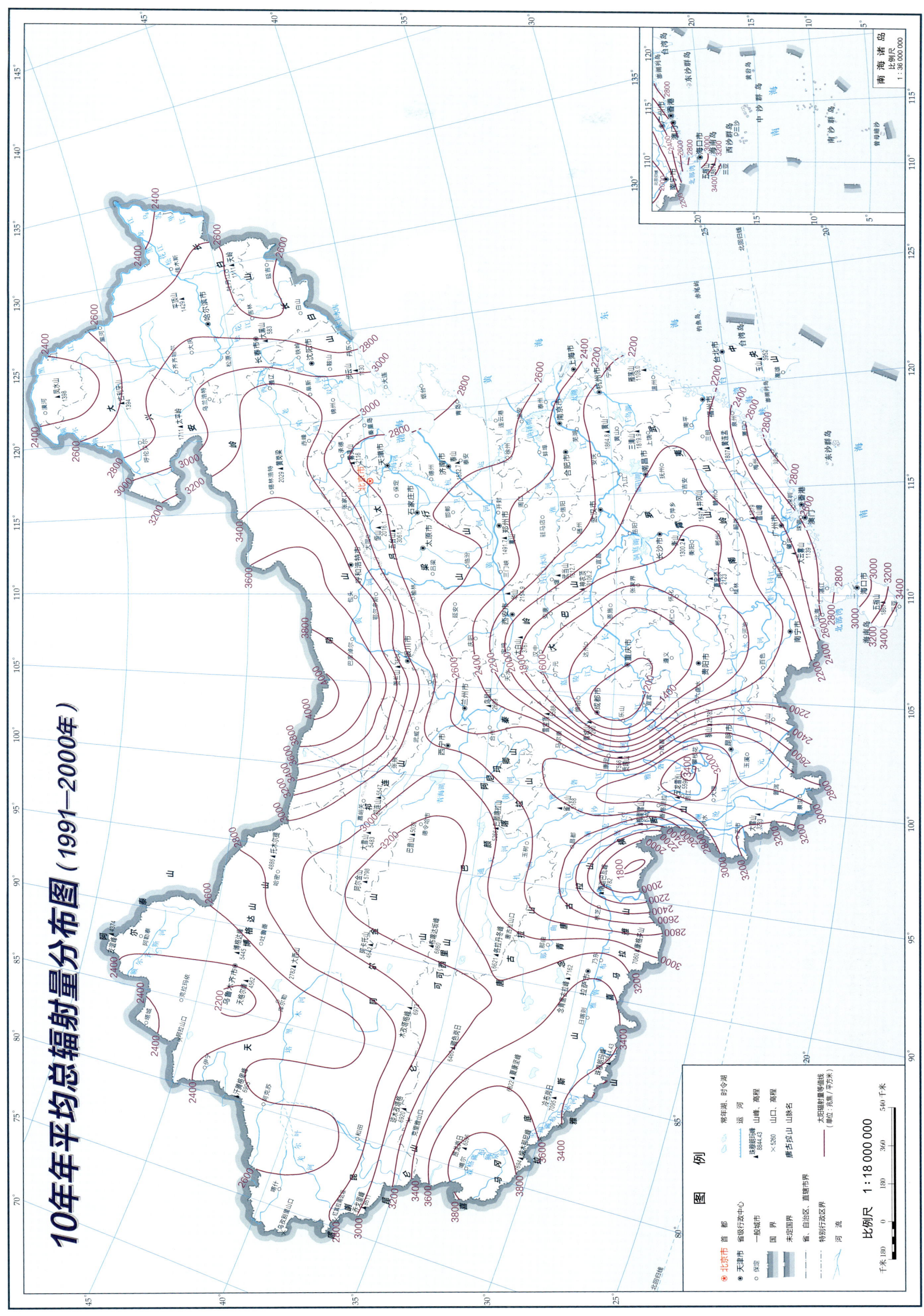

10年年平均总辐射量分布图（2001—2010年）

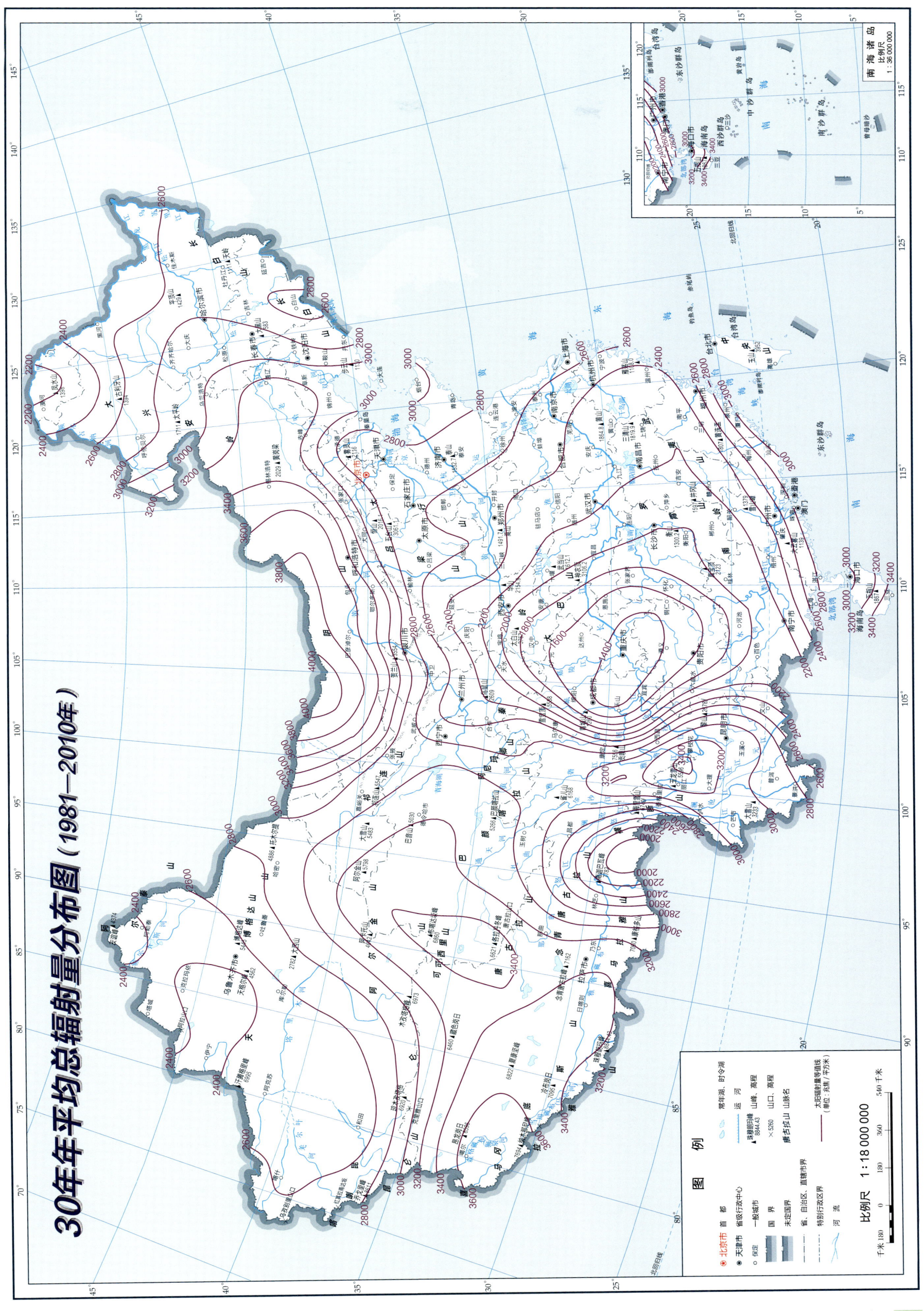

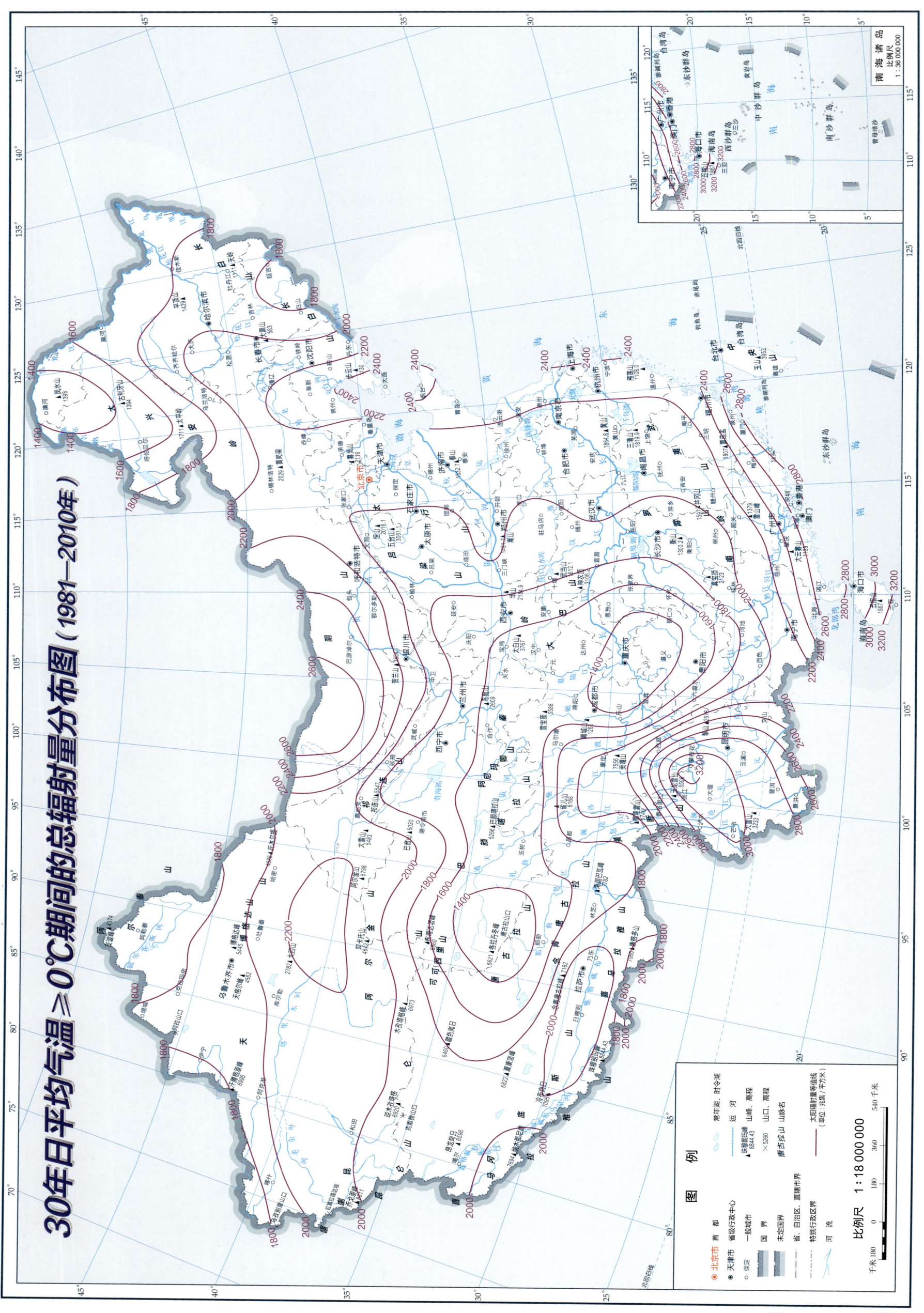

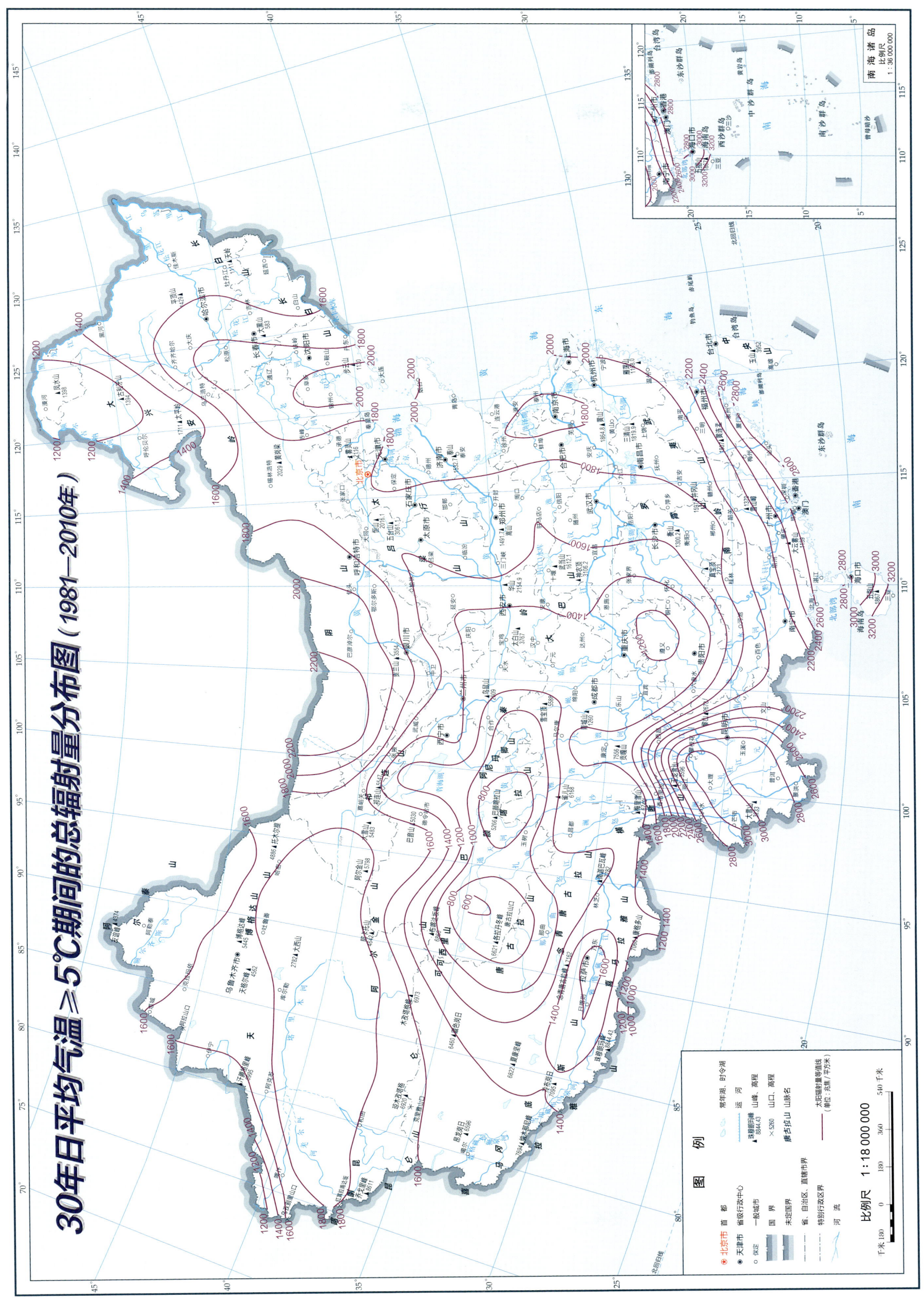
30年日平均气温≥5℃期间的总辐射量分布图（1981—2010年）

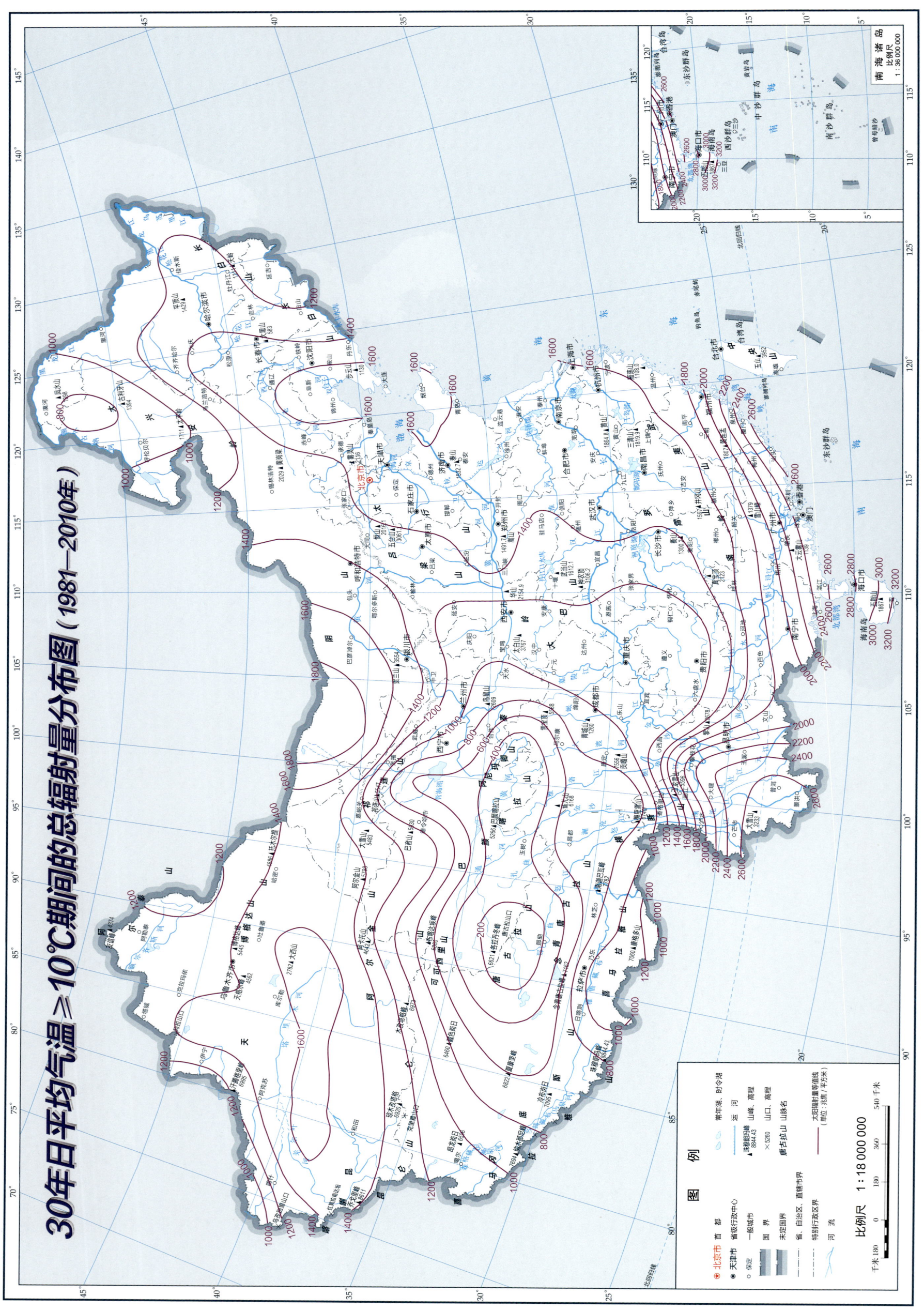

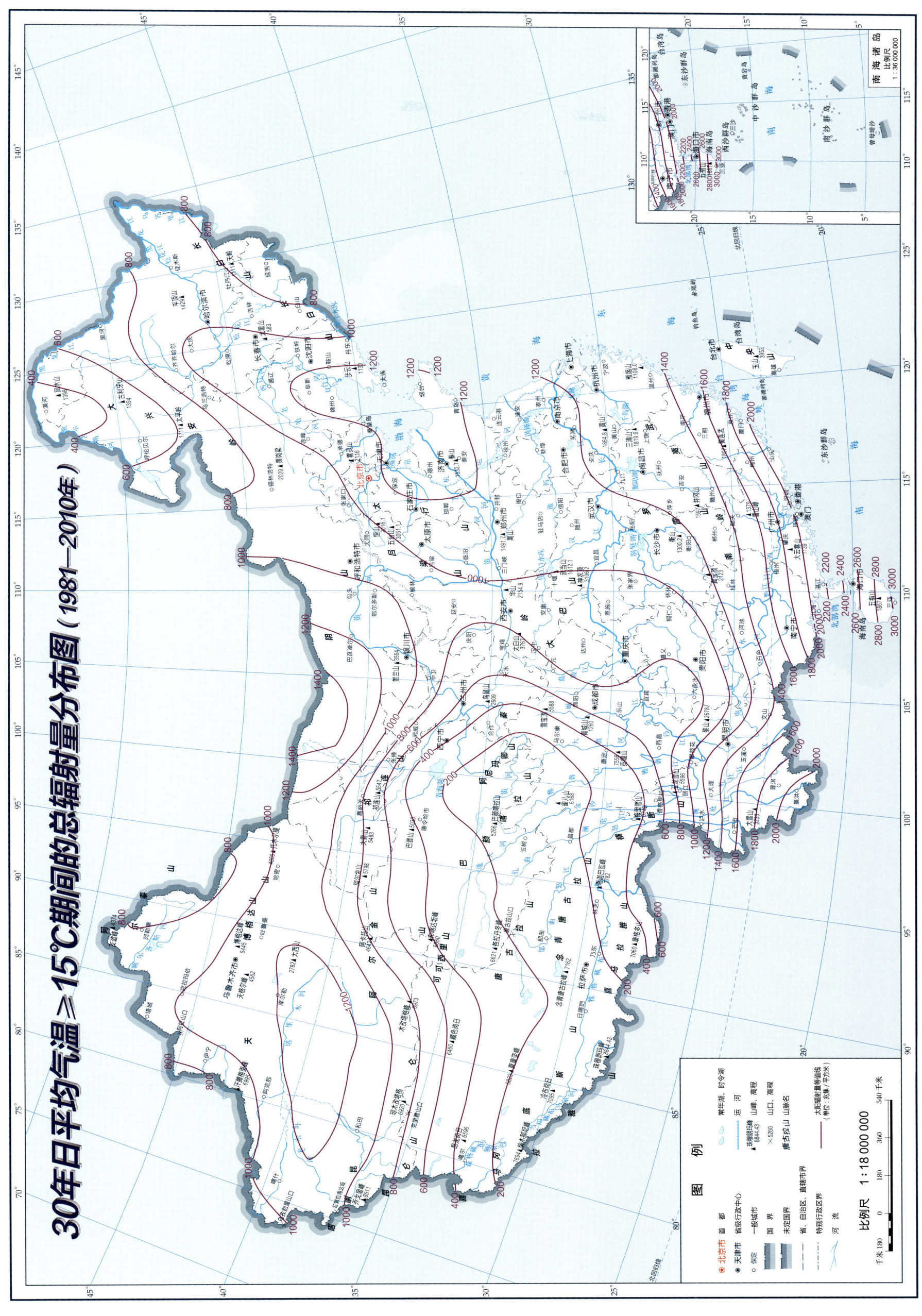

30年日平均气温≥15°C期间的总辐射量分布图（1981—2010年）

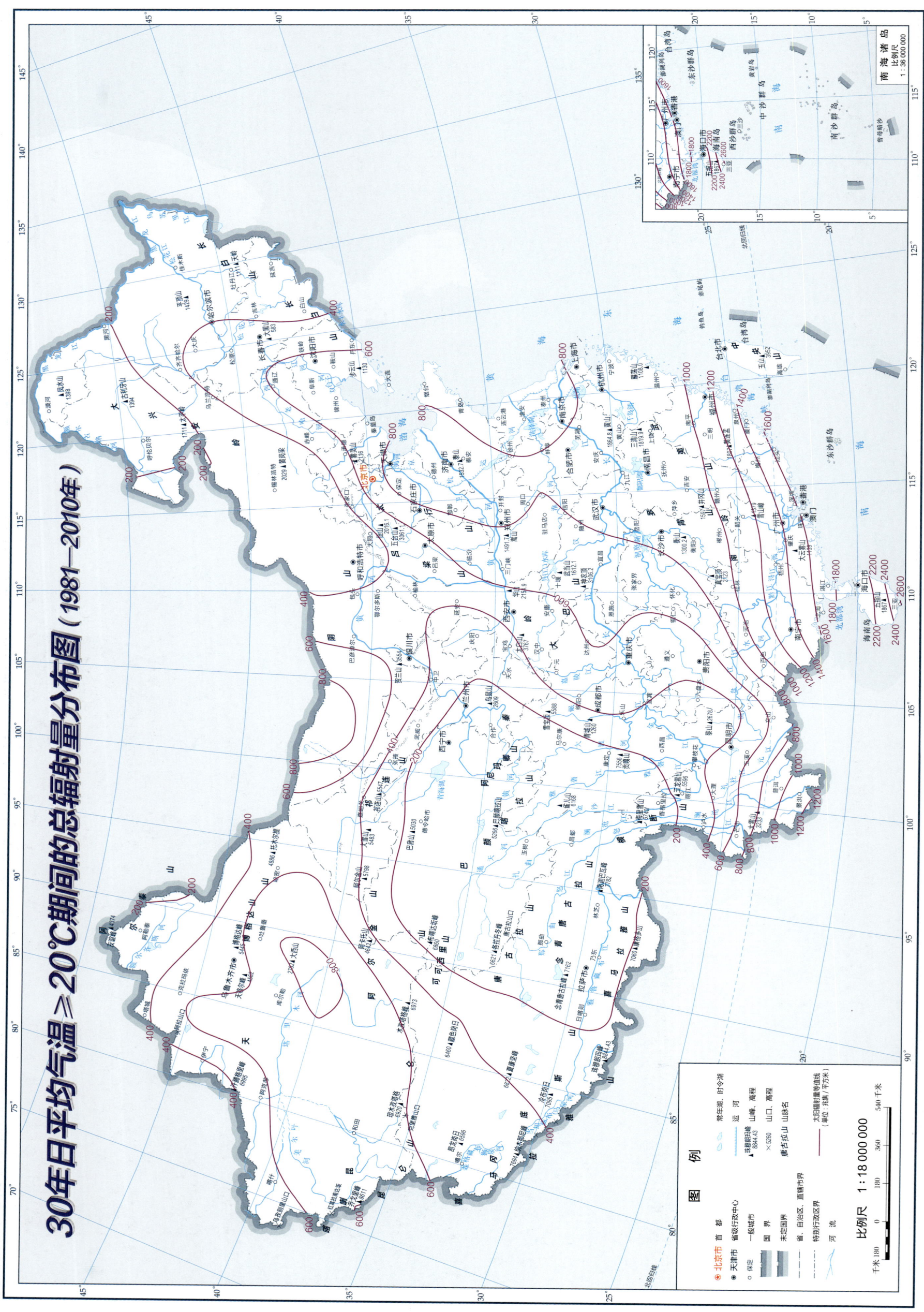

30年日平均气温≥20℃期间的总辐射量分布图（1981—2010年）

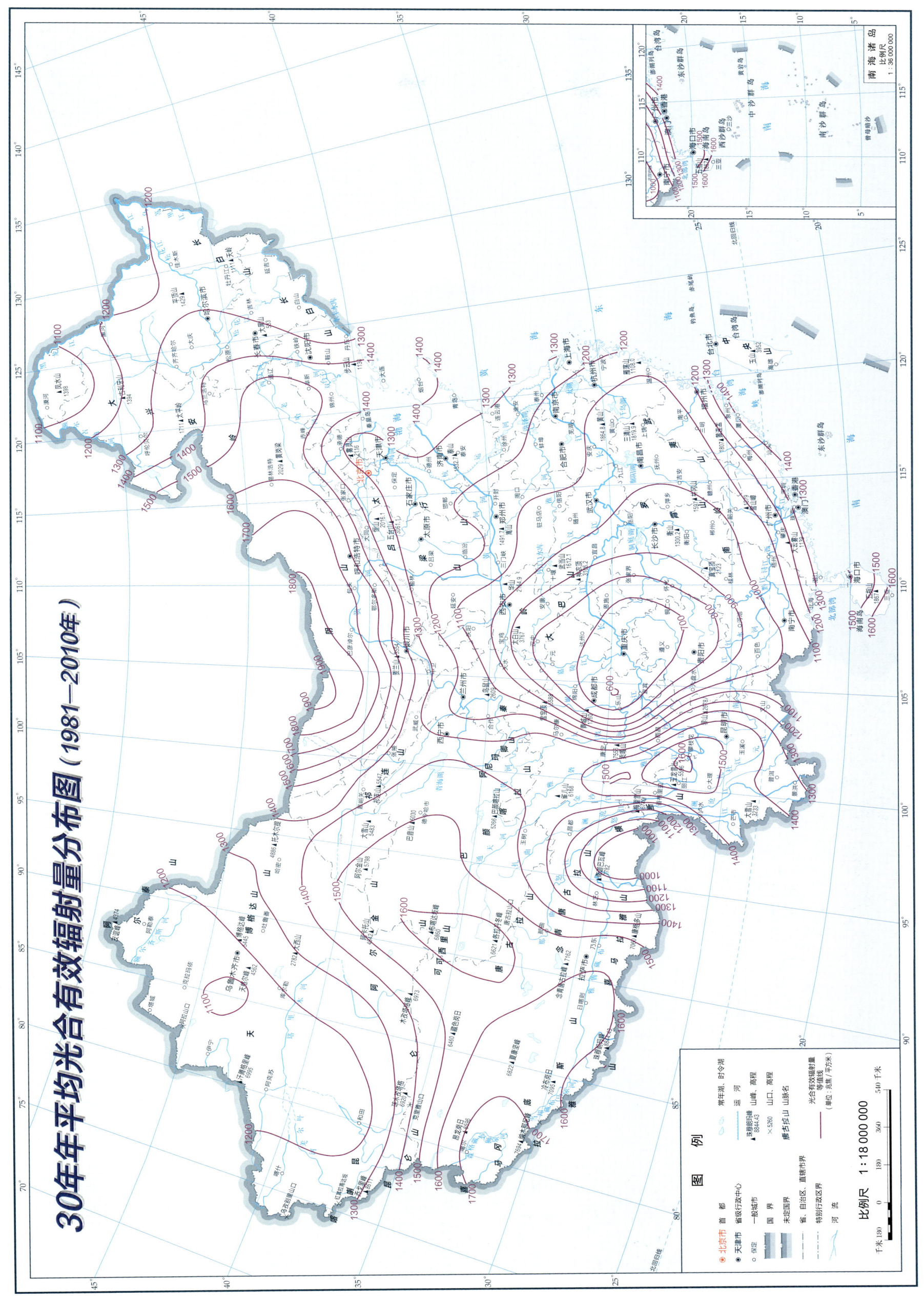

30年年平均光合有效辐射量分布图（1981—2010年）

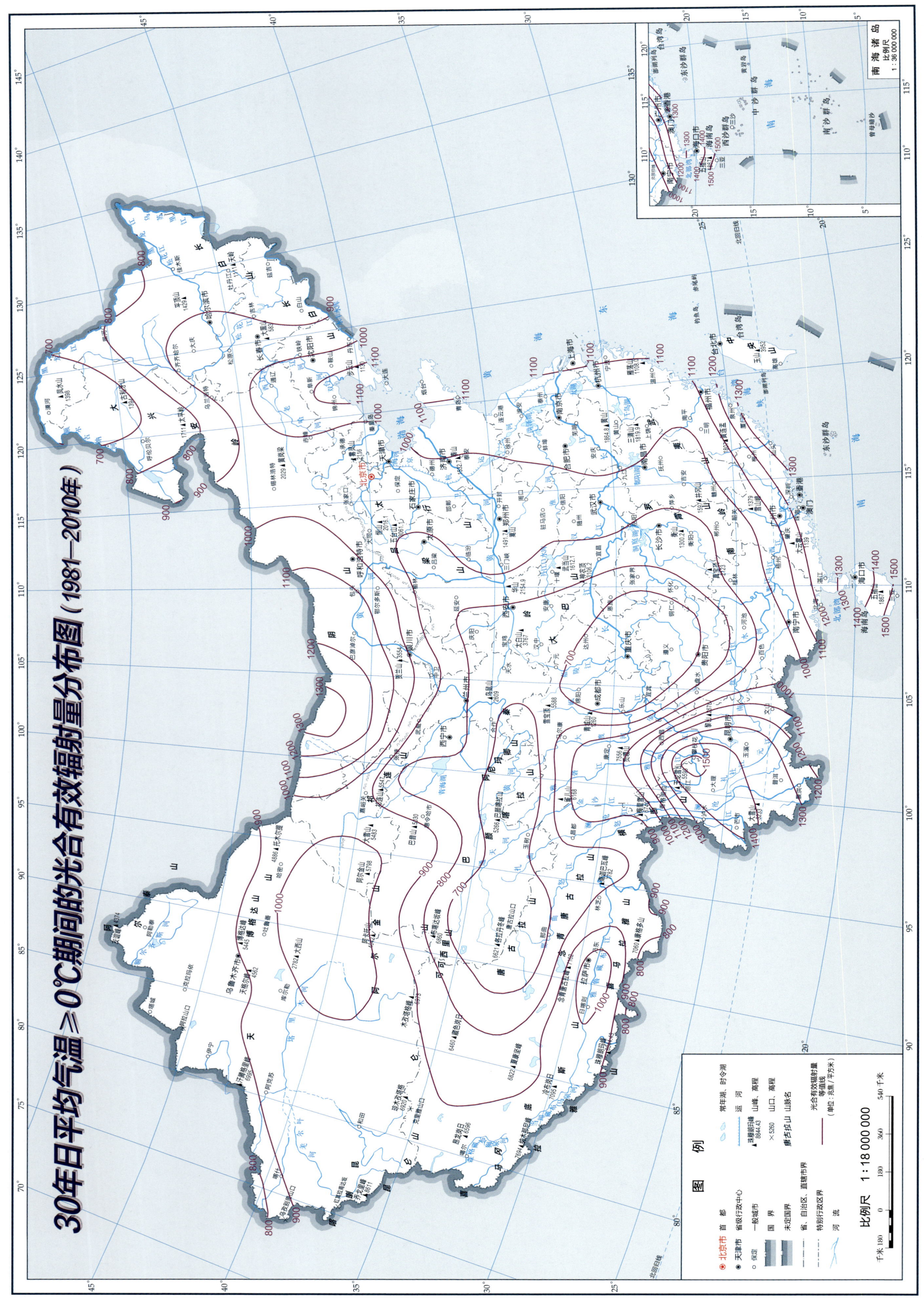

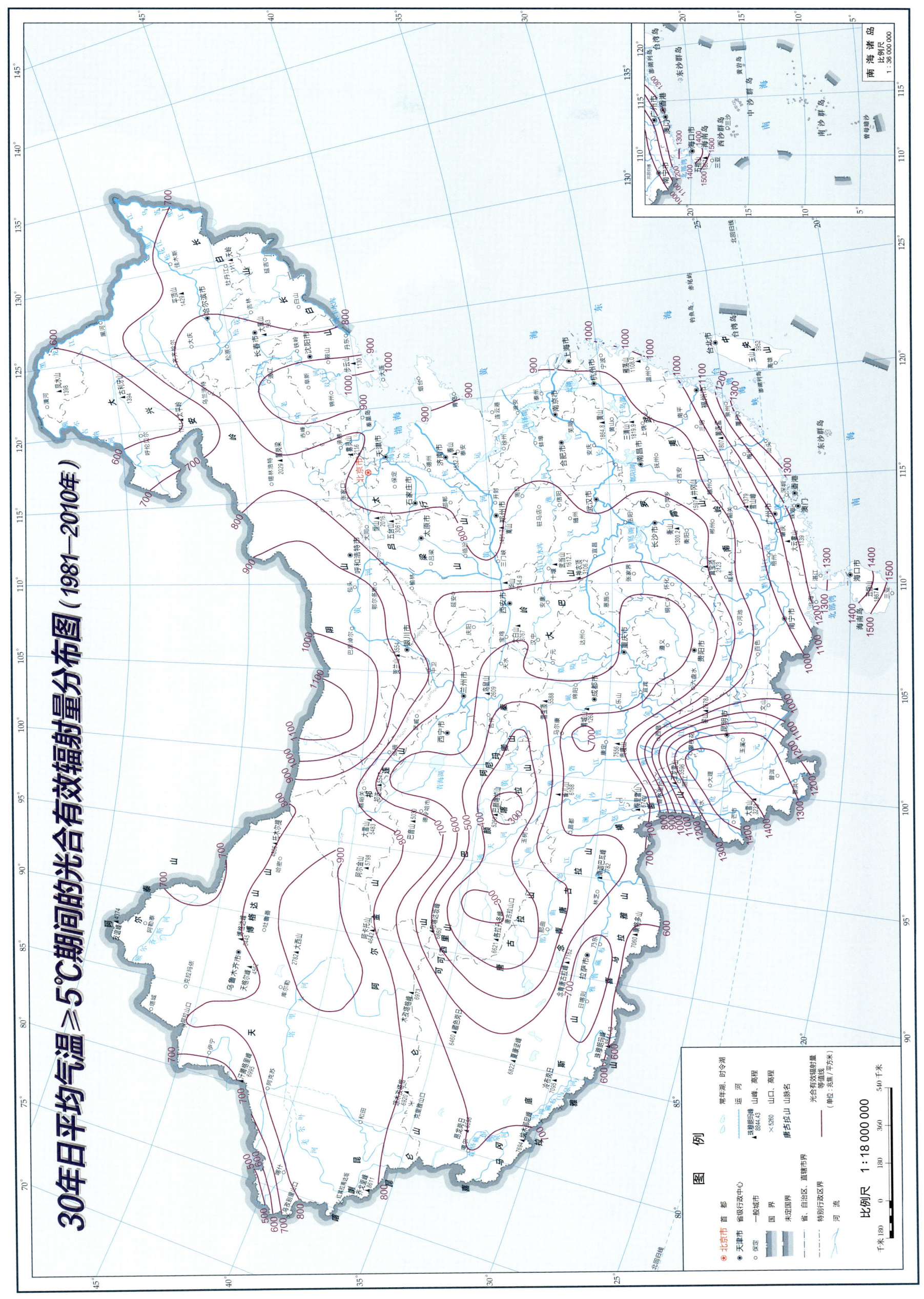

30年日平均气温≥5℃期间的光合有效辐射量分布图（1981—2010年）

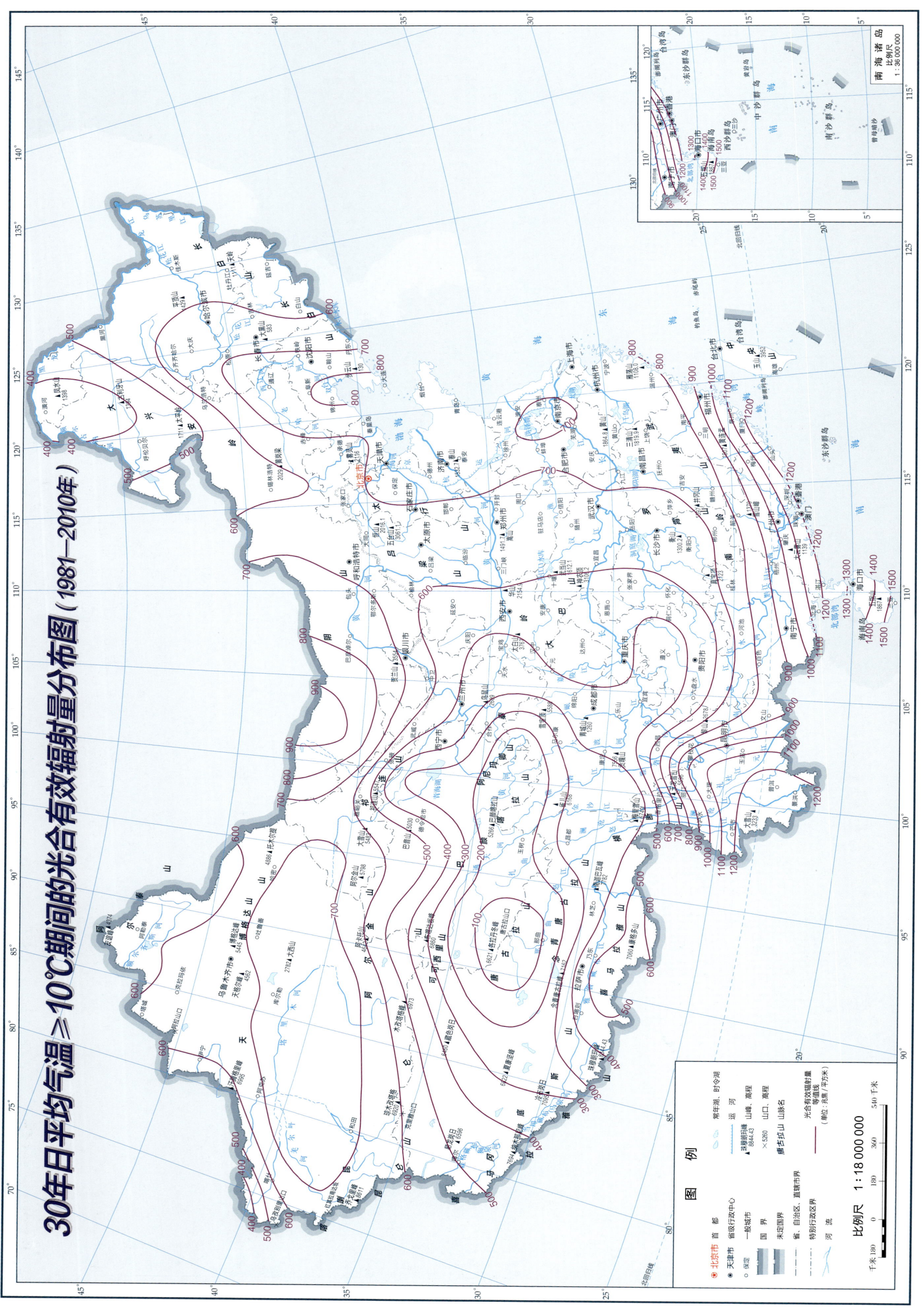

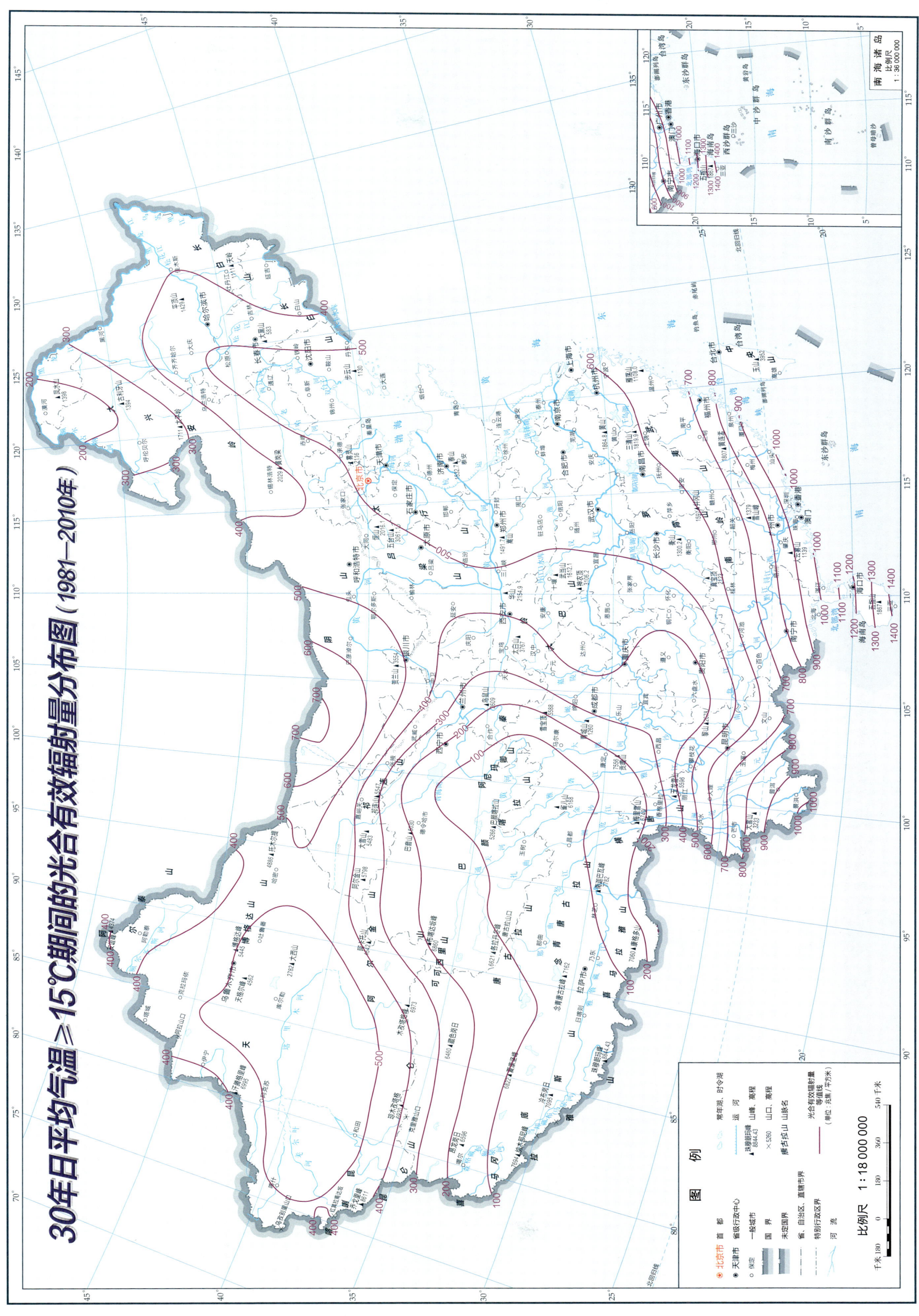

30年日平均气温≥15℃期间的光合有效辐射量分布图(1981—2010年)

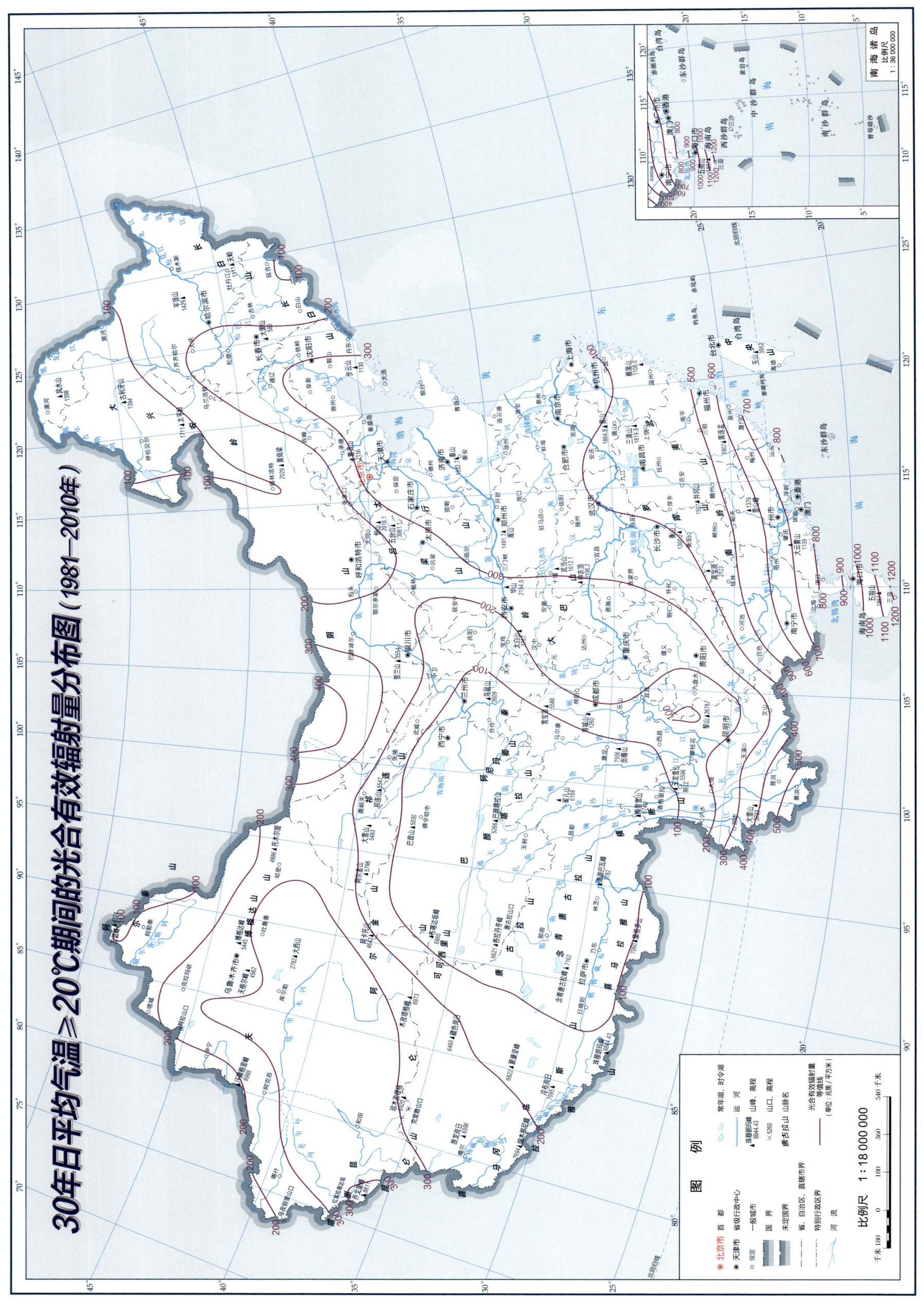

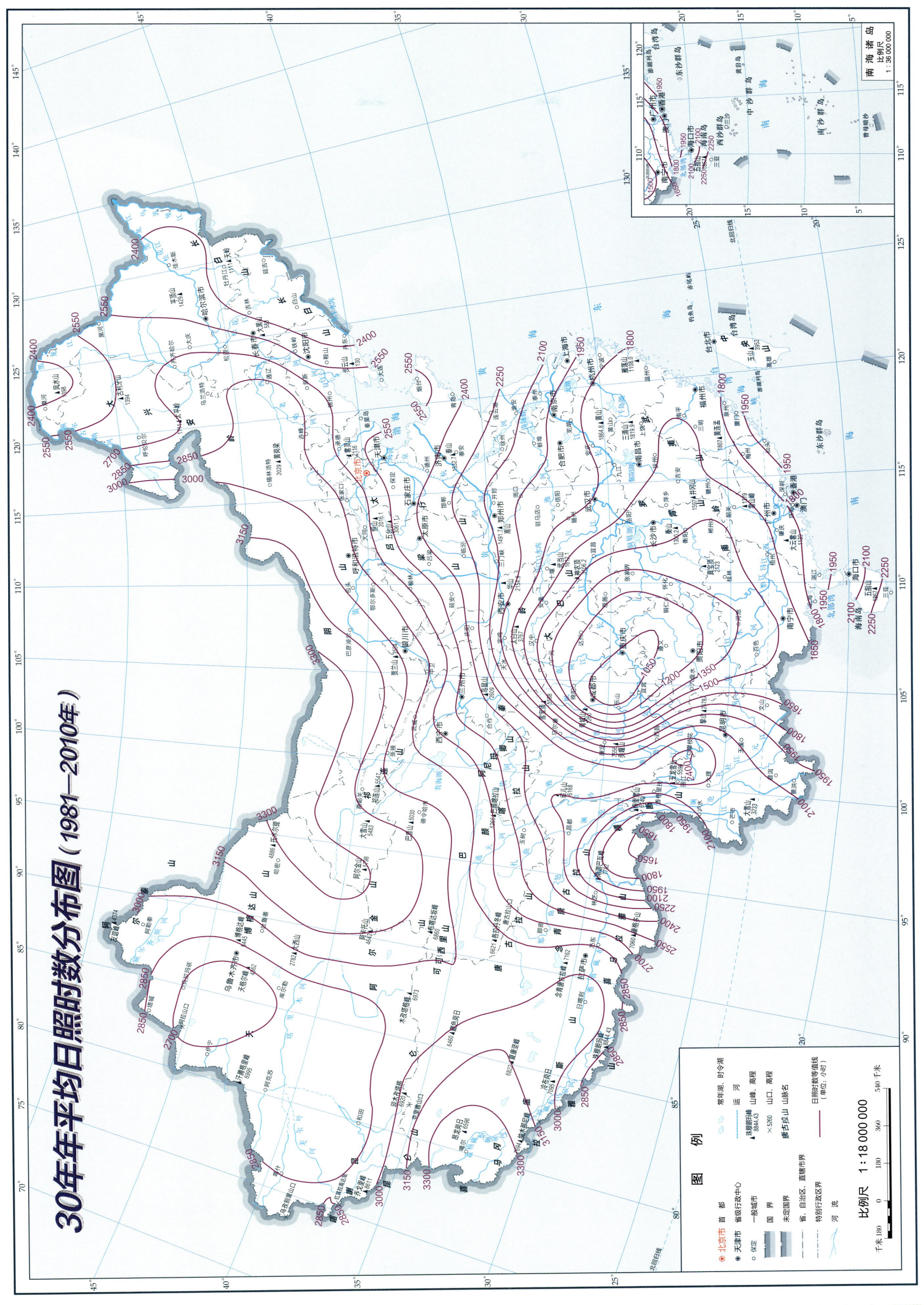

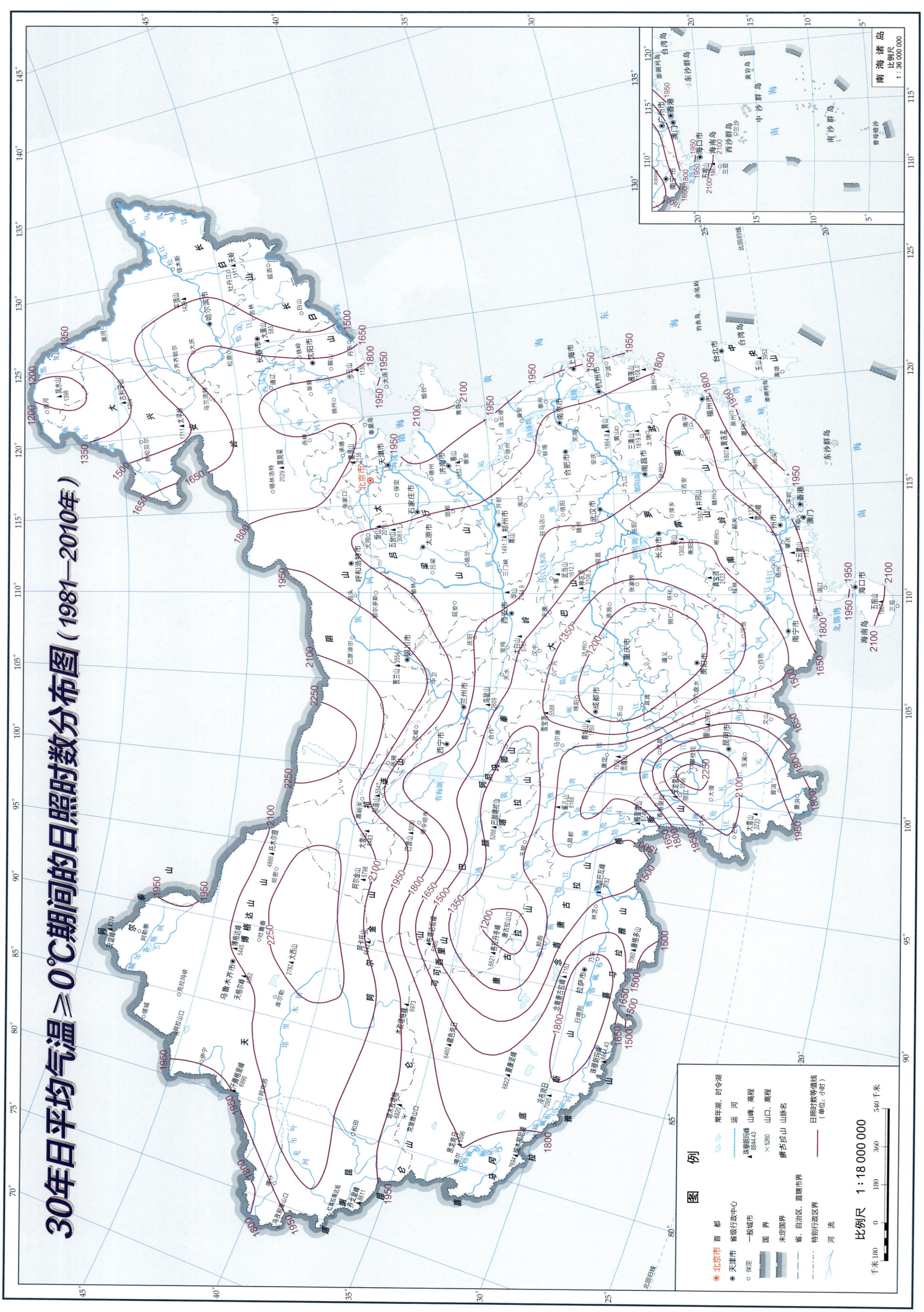

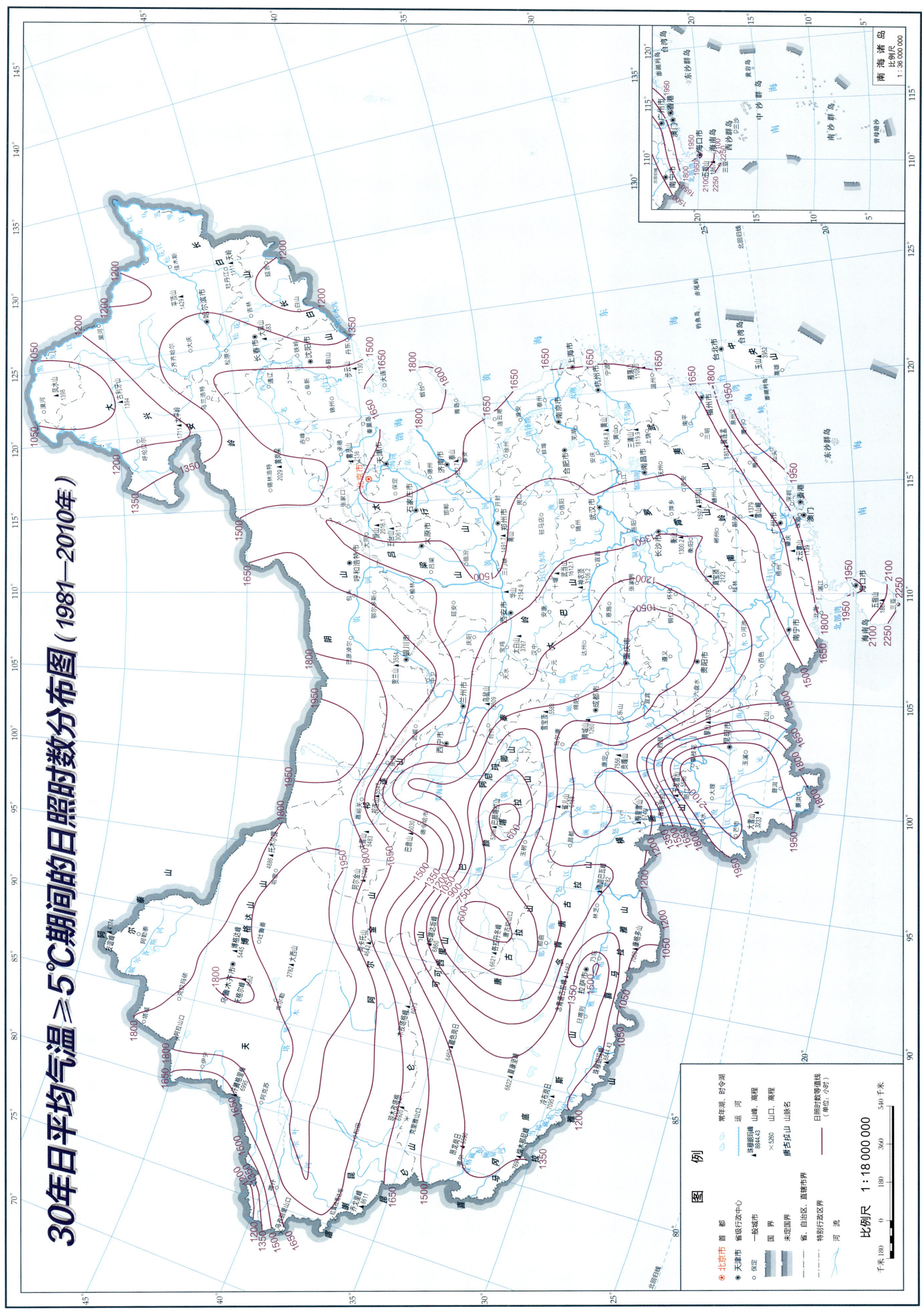

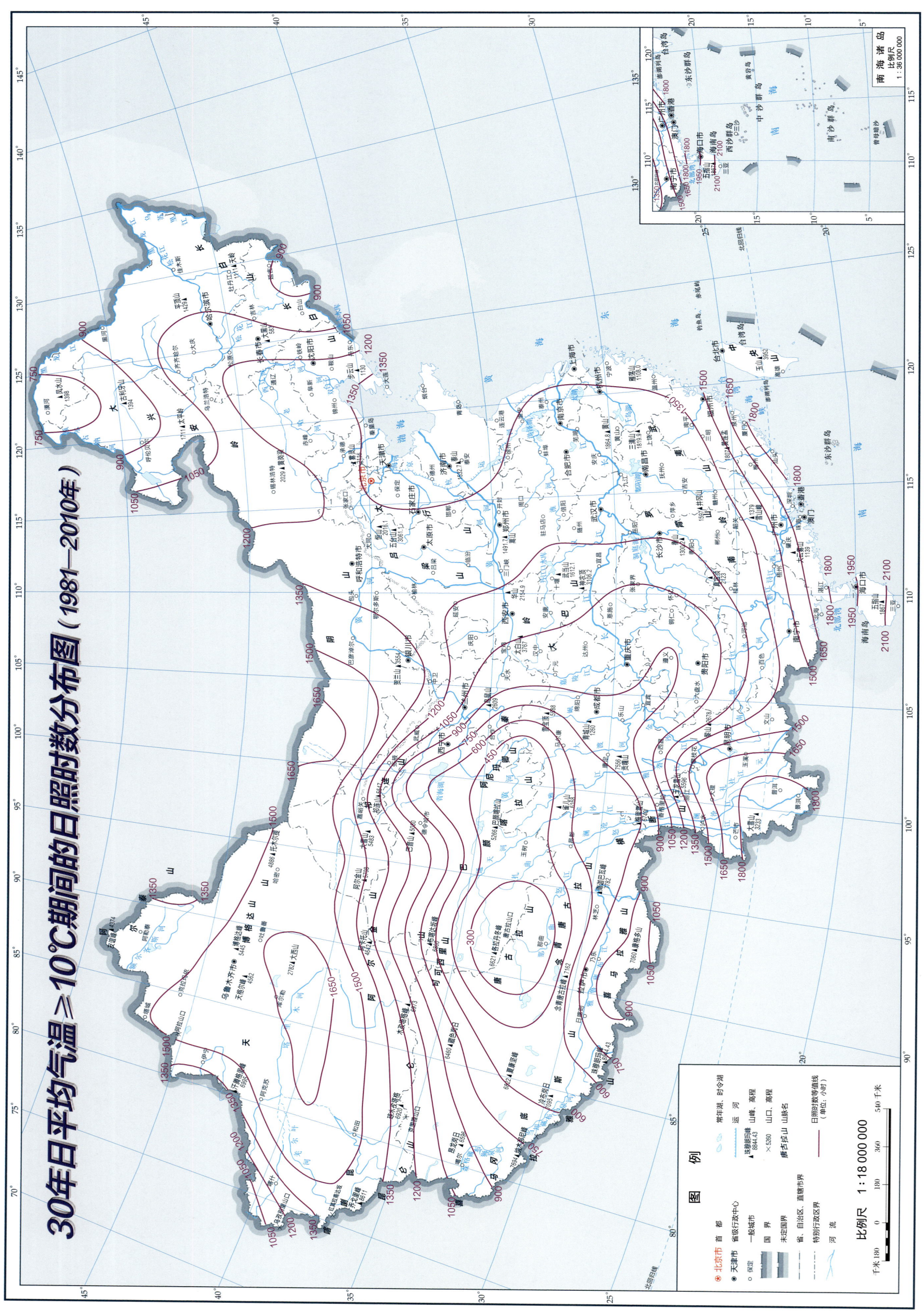

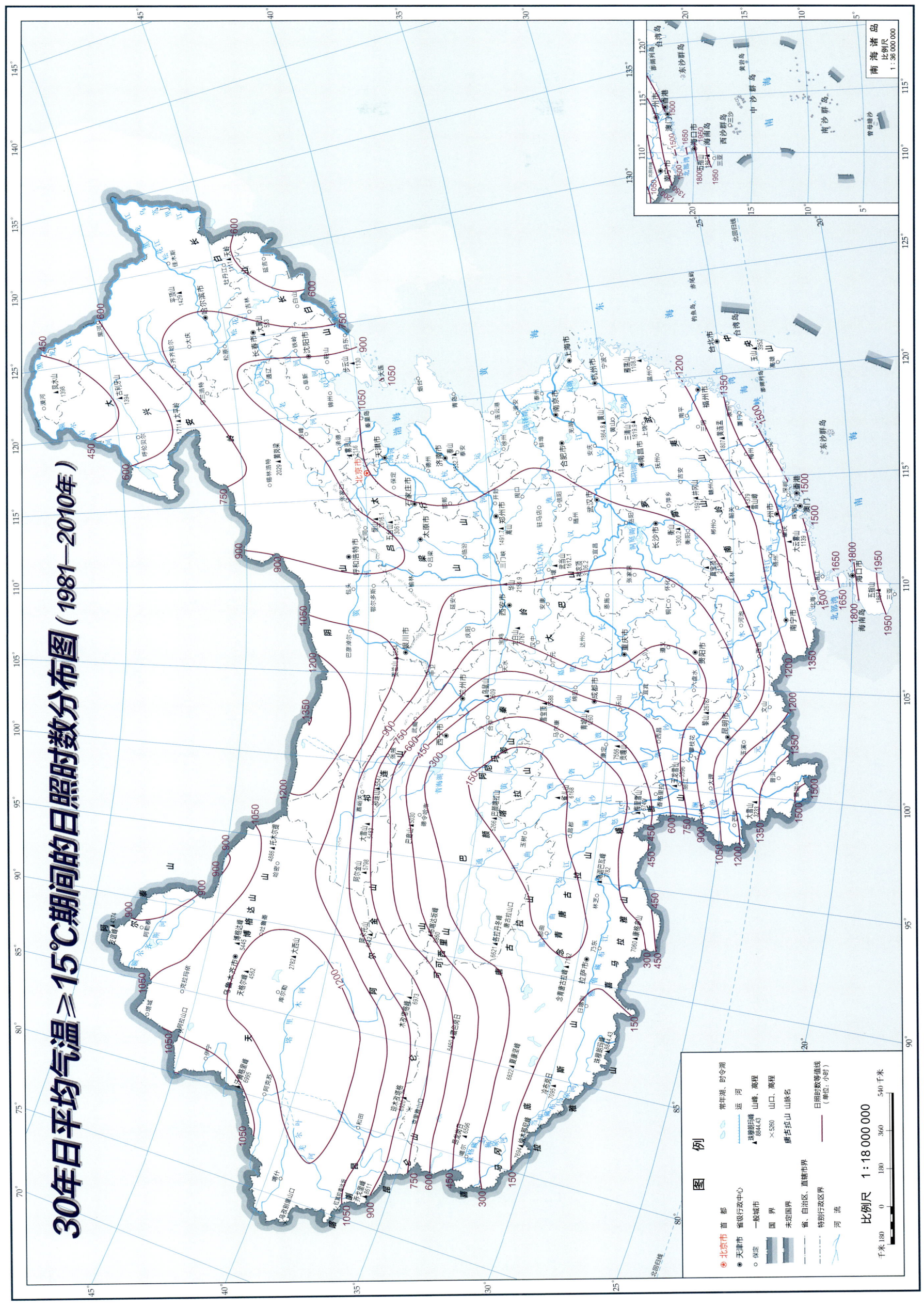

30年日平均气温≥15℃期间的日照时数分布图（1981—2010年）

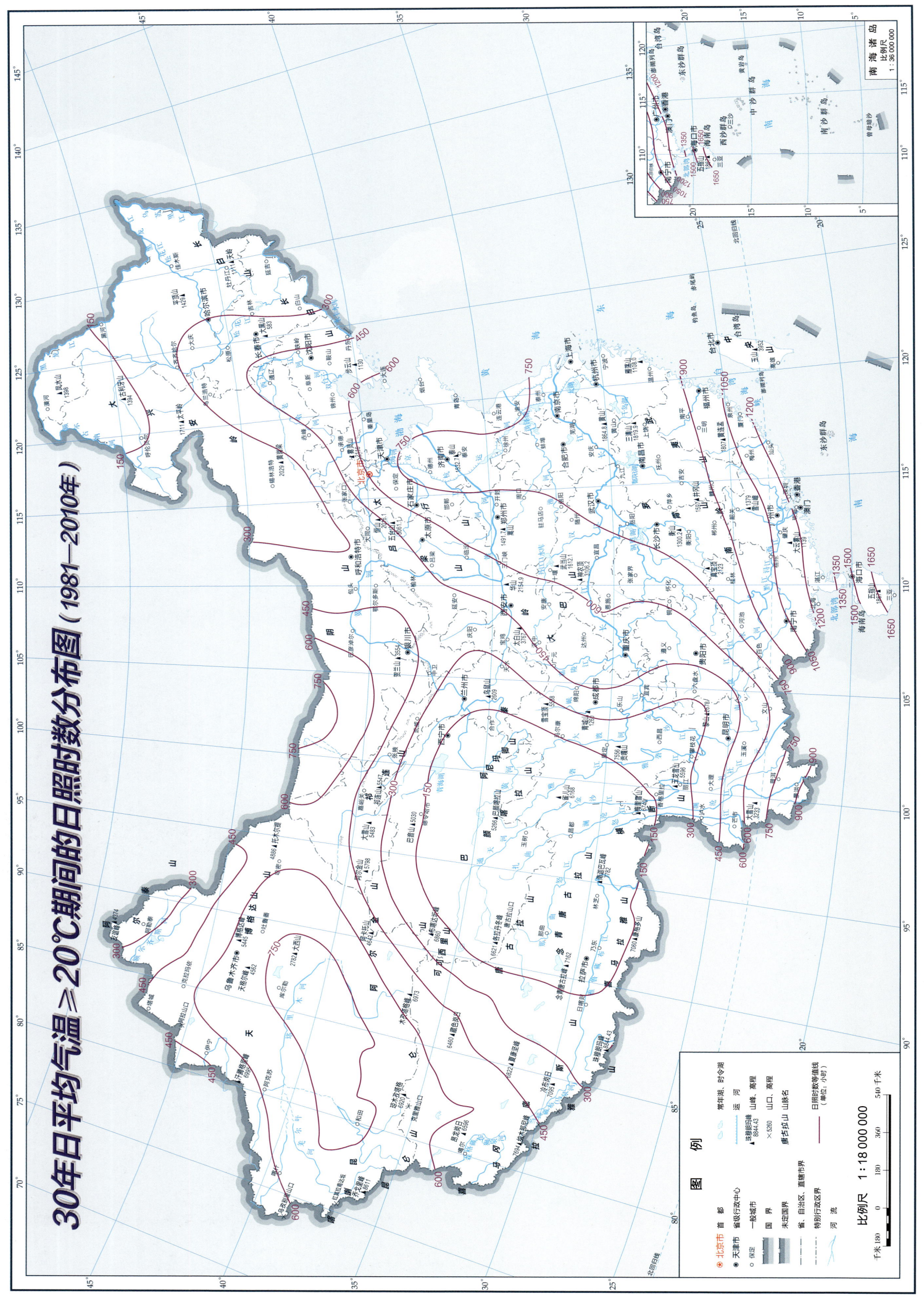
30年日平均气温≥20℃期间的日照时数分布图（1981—2010年）

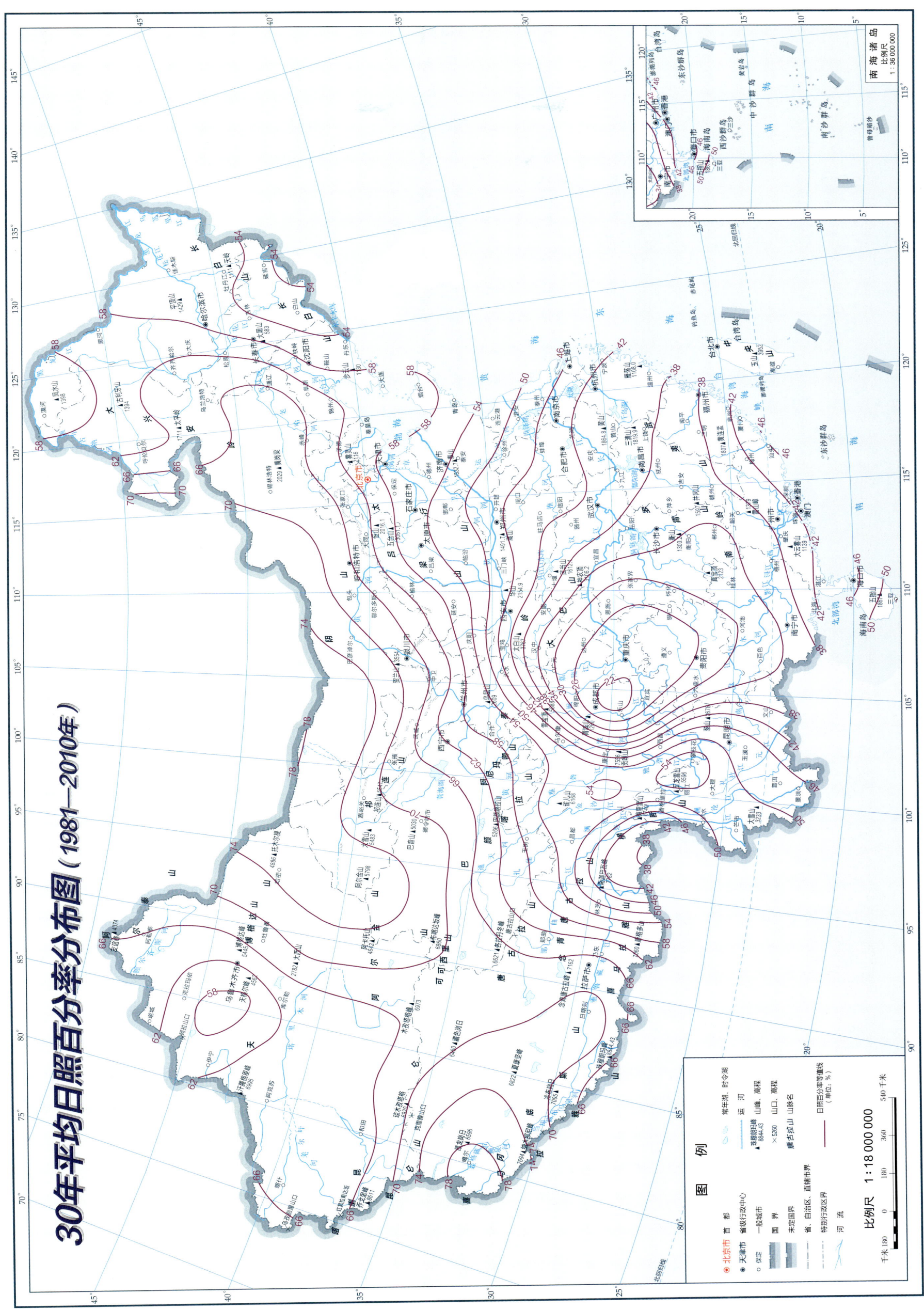

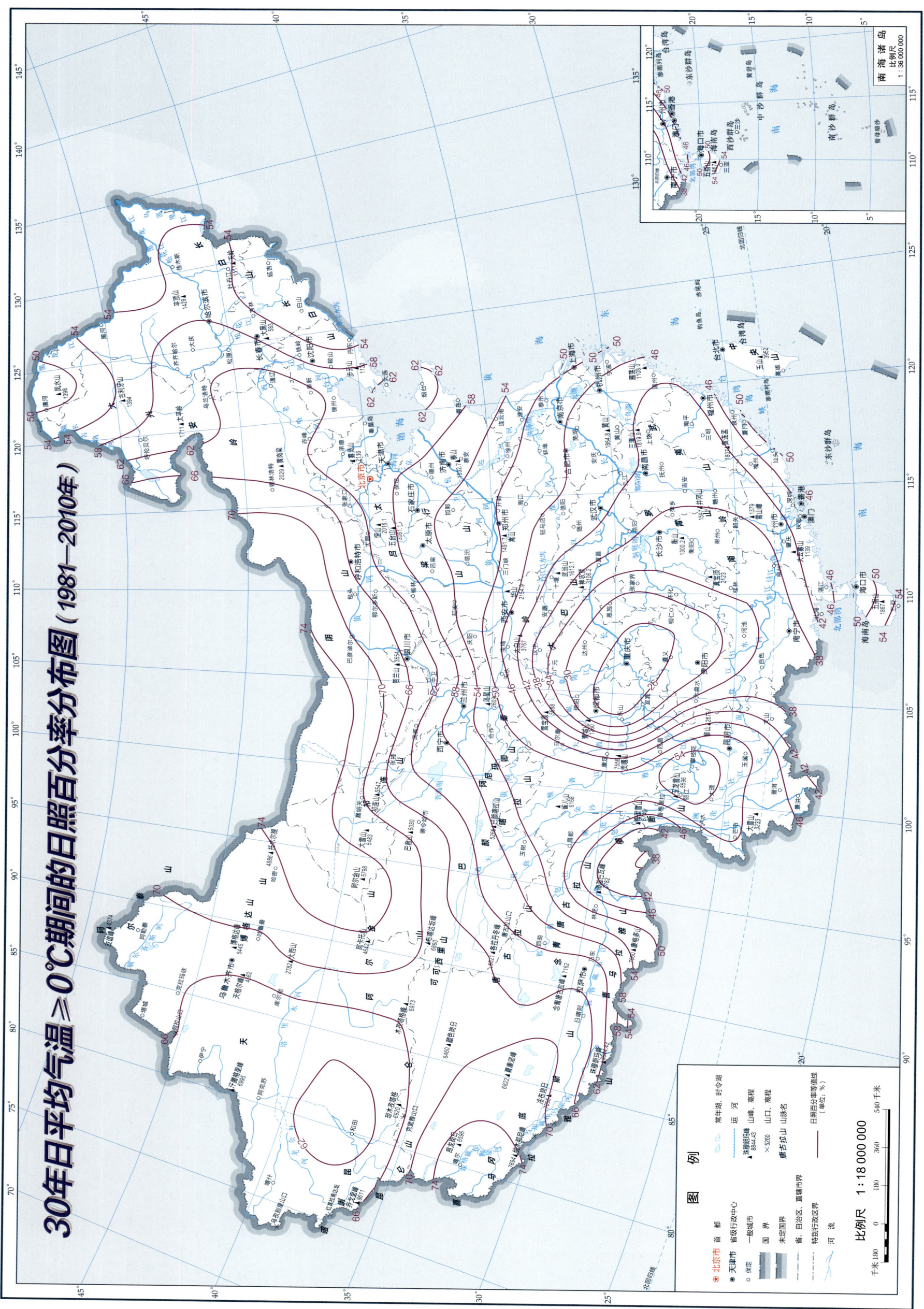

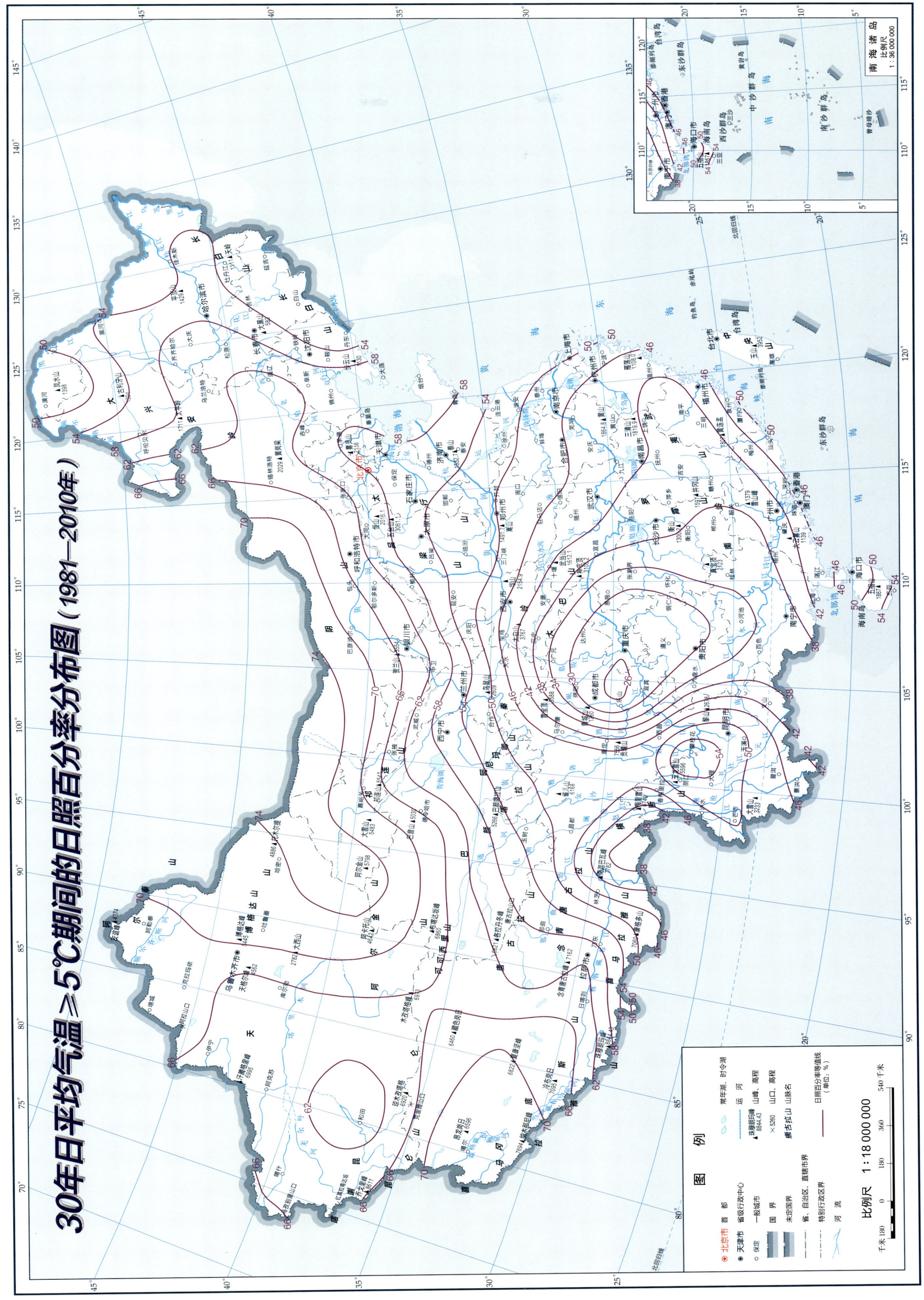

30年日平均气温≥5℃期间的日照百分率分布图（1981—2010年）

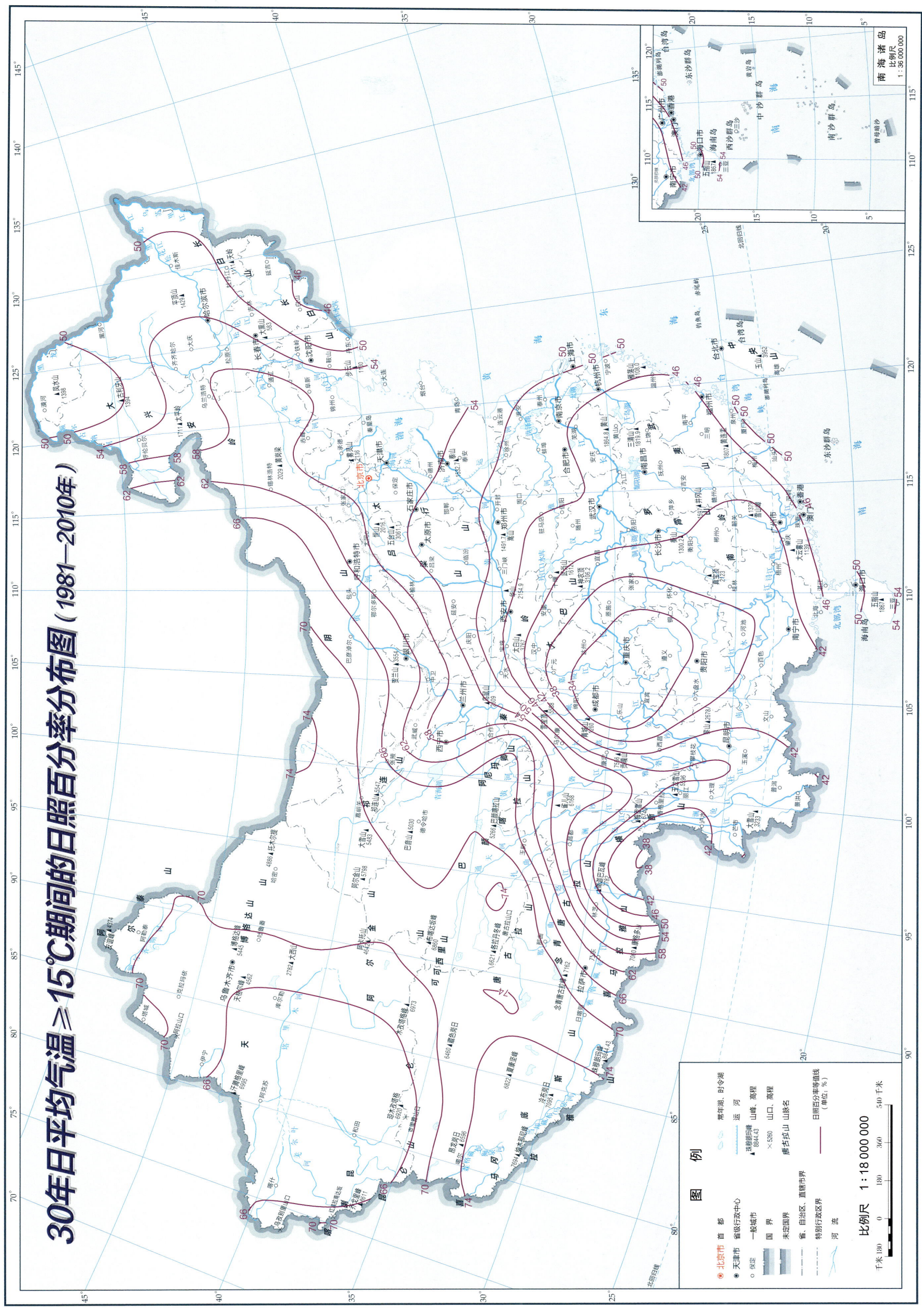

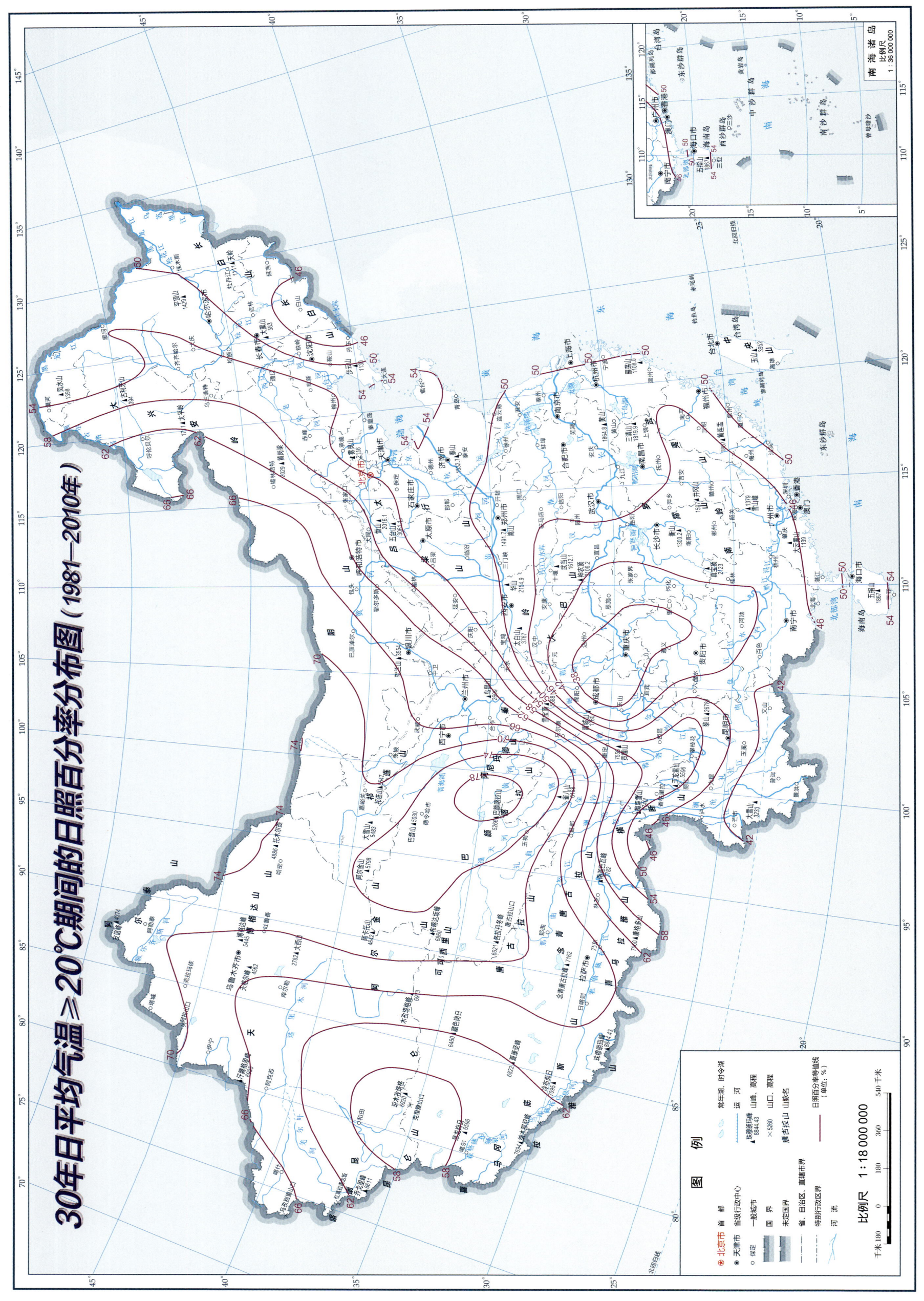

30年日平均气温≥20℃期间的日照百分率分布图（1981—2010年）

30年平均春季降水量（1981—2010年）

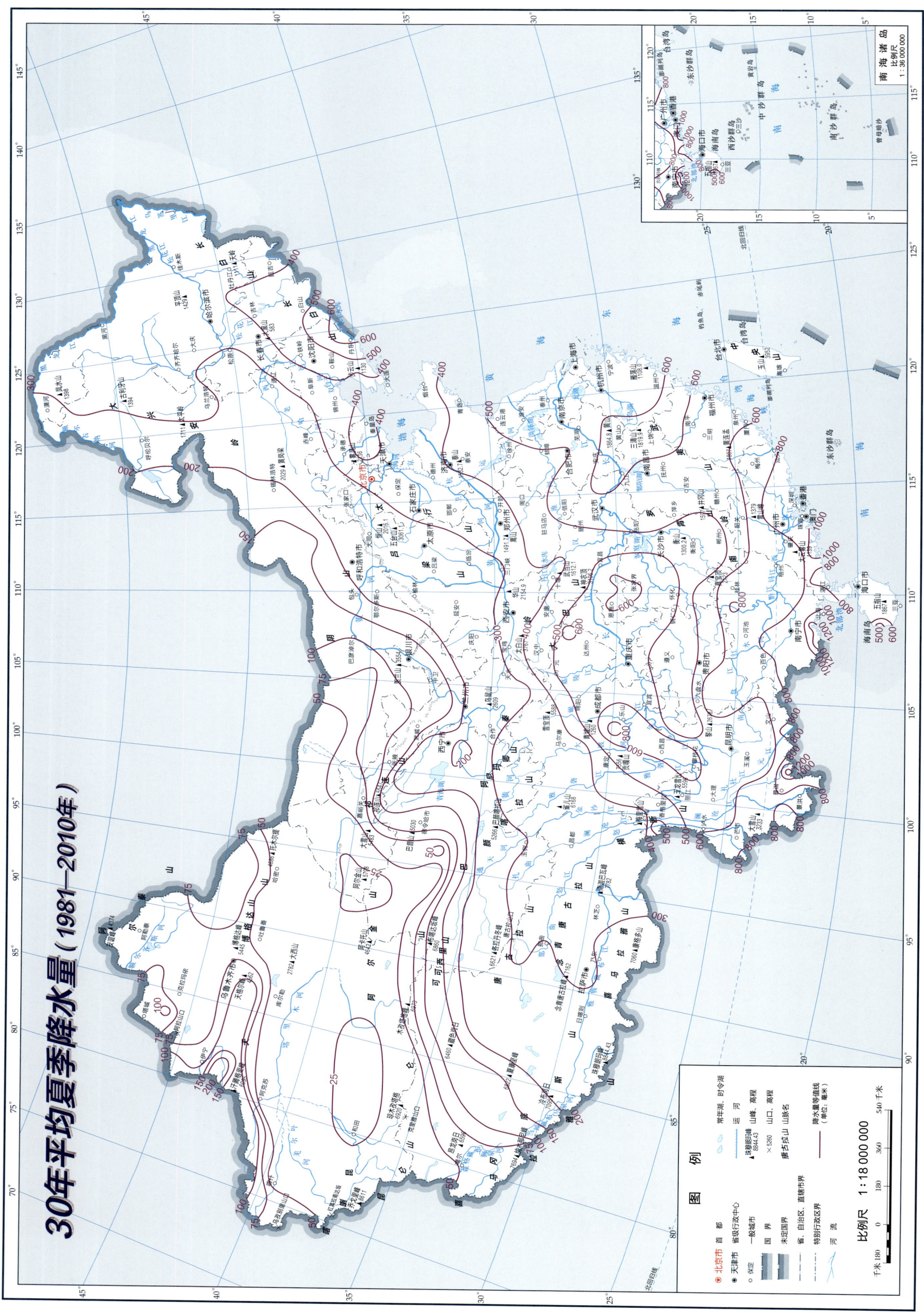

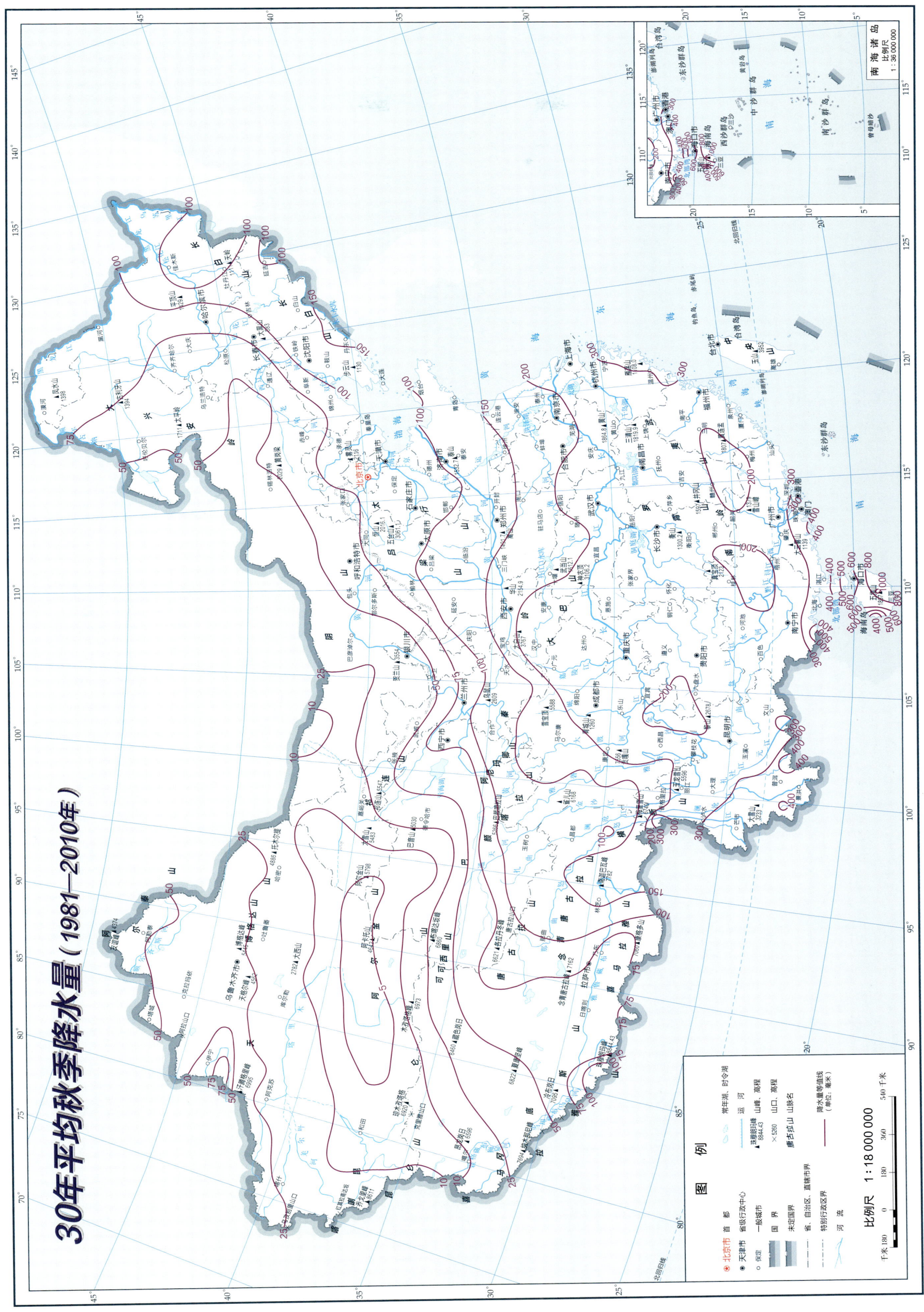

30年平均秋季降水量（1981—2010年）

30年平均冬季降水量（1981—2010年）

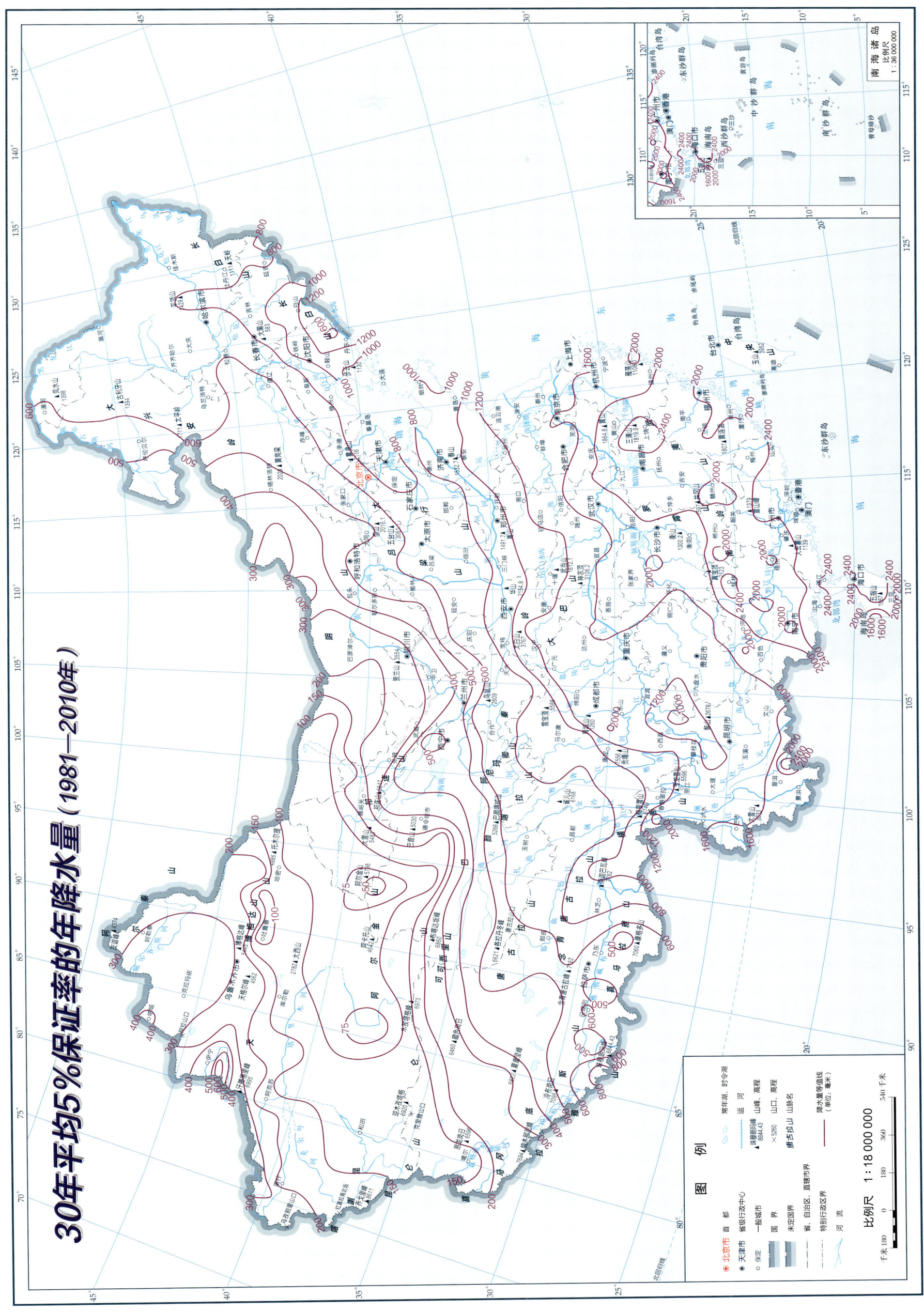
30年平均5%保证率的年降水量（1981—2010年）

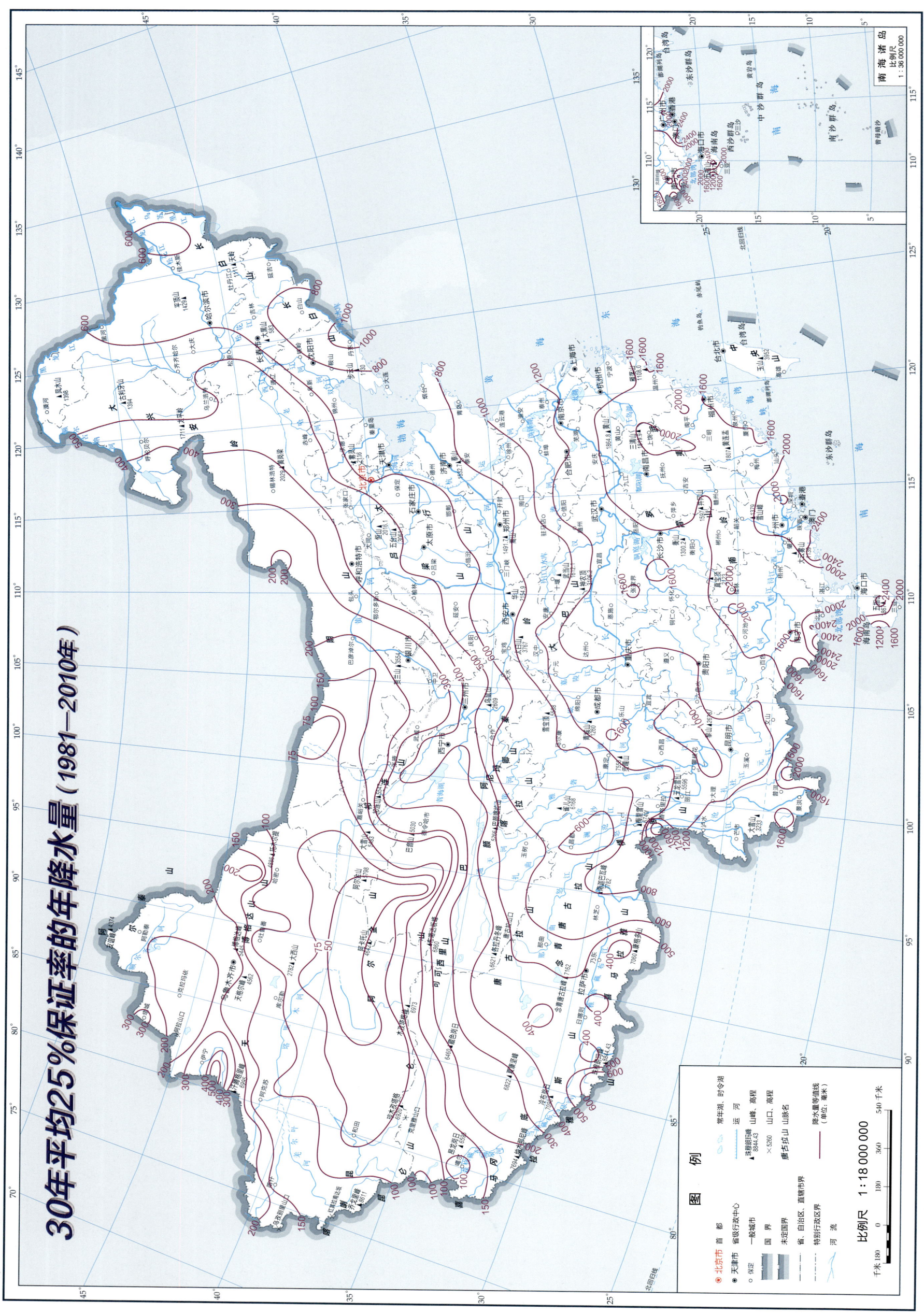
30年平均25%保证率的年降水量（1981—2010年）

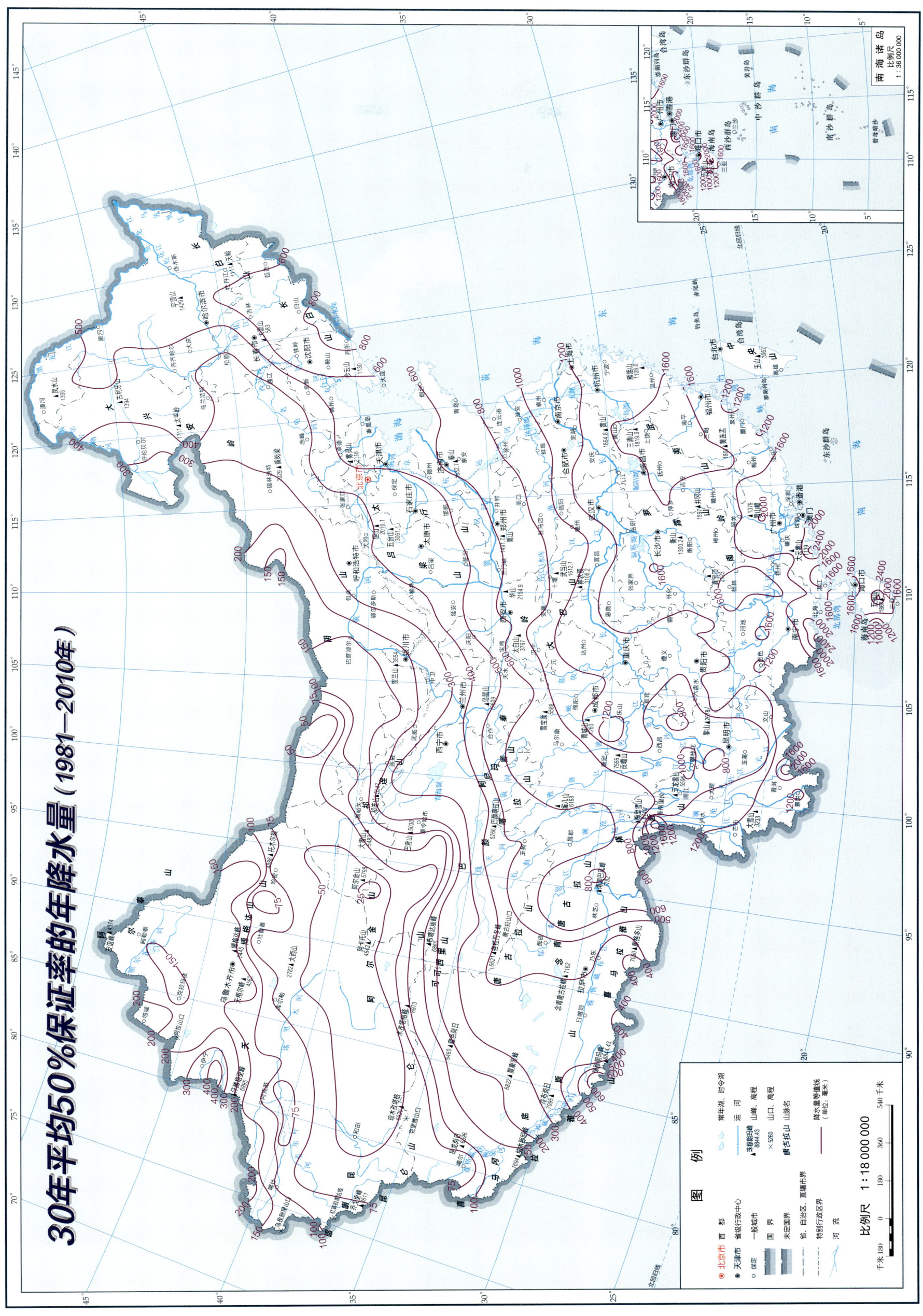

30年平均50%保证率的年降水量（1981—2010年）

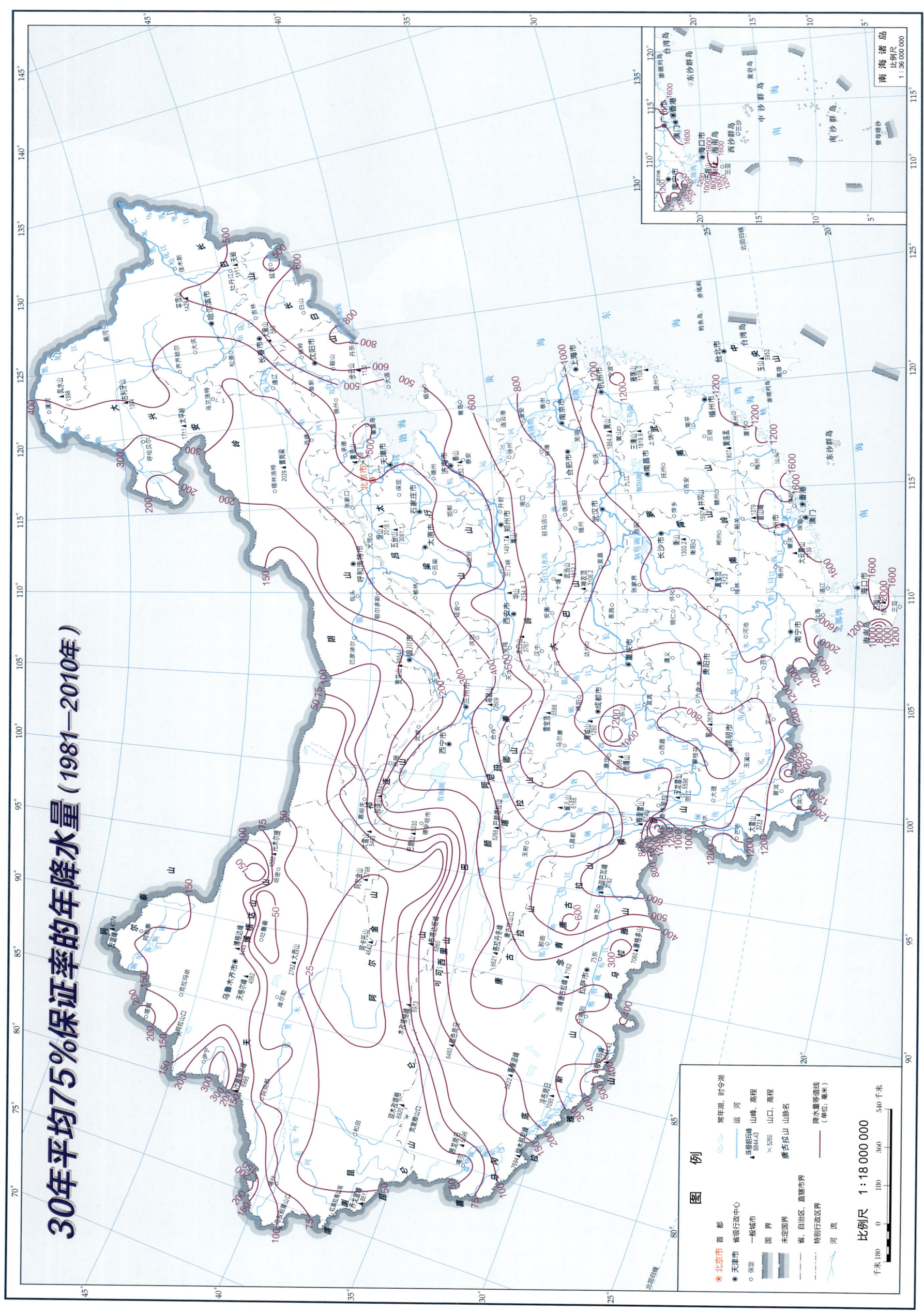

30年平均75%保证率的年降水量（1981—2010年）

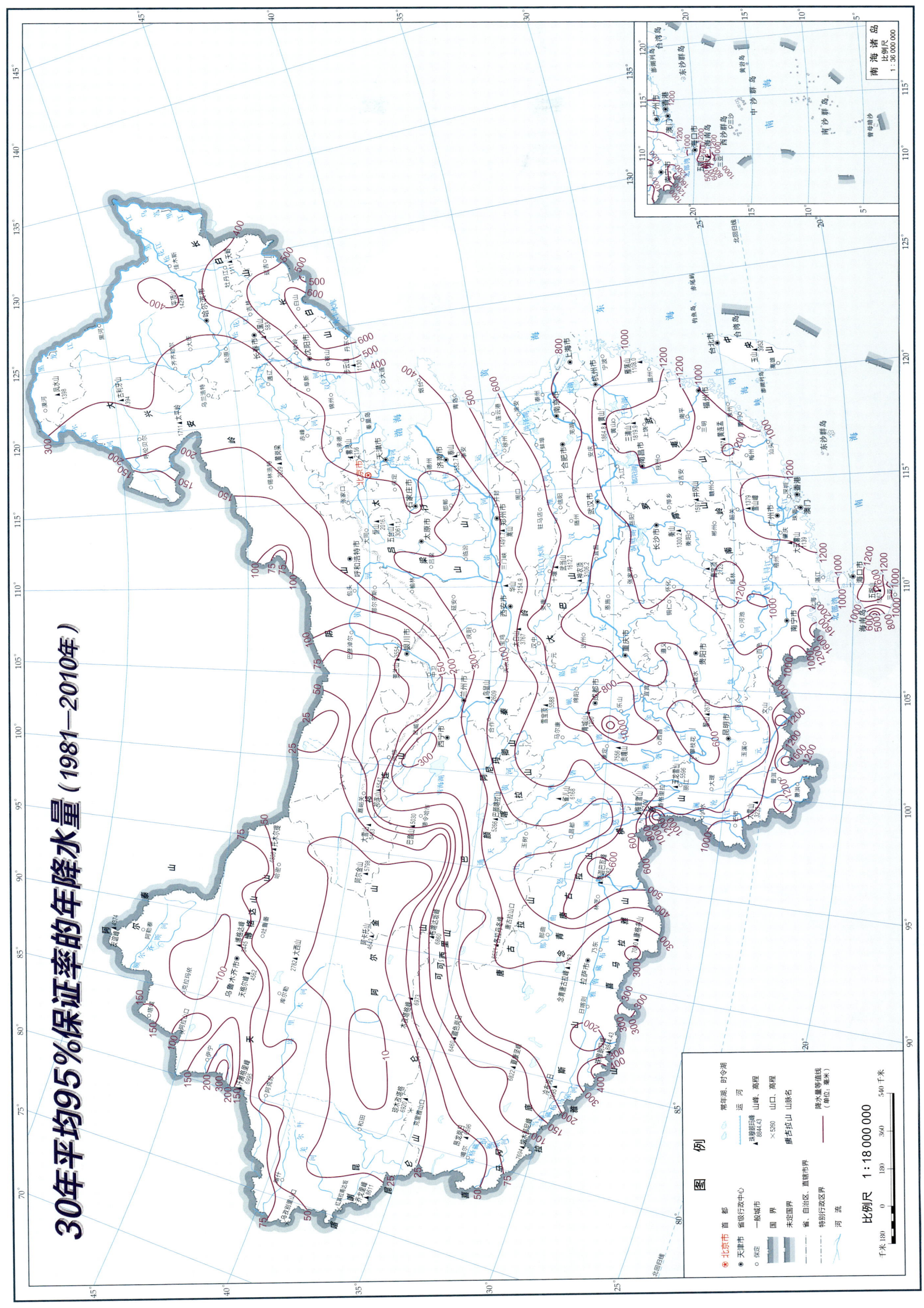

30年平均95%保证率的年降水量（1981—2010年）

30年日平均气温≥0℃期间的降水量（1981—2010年）

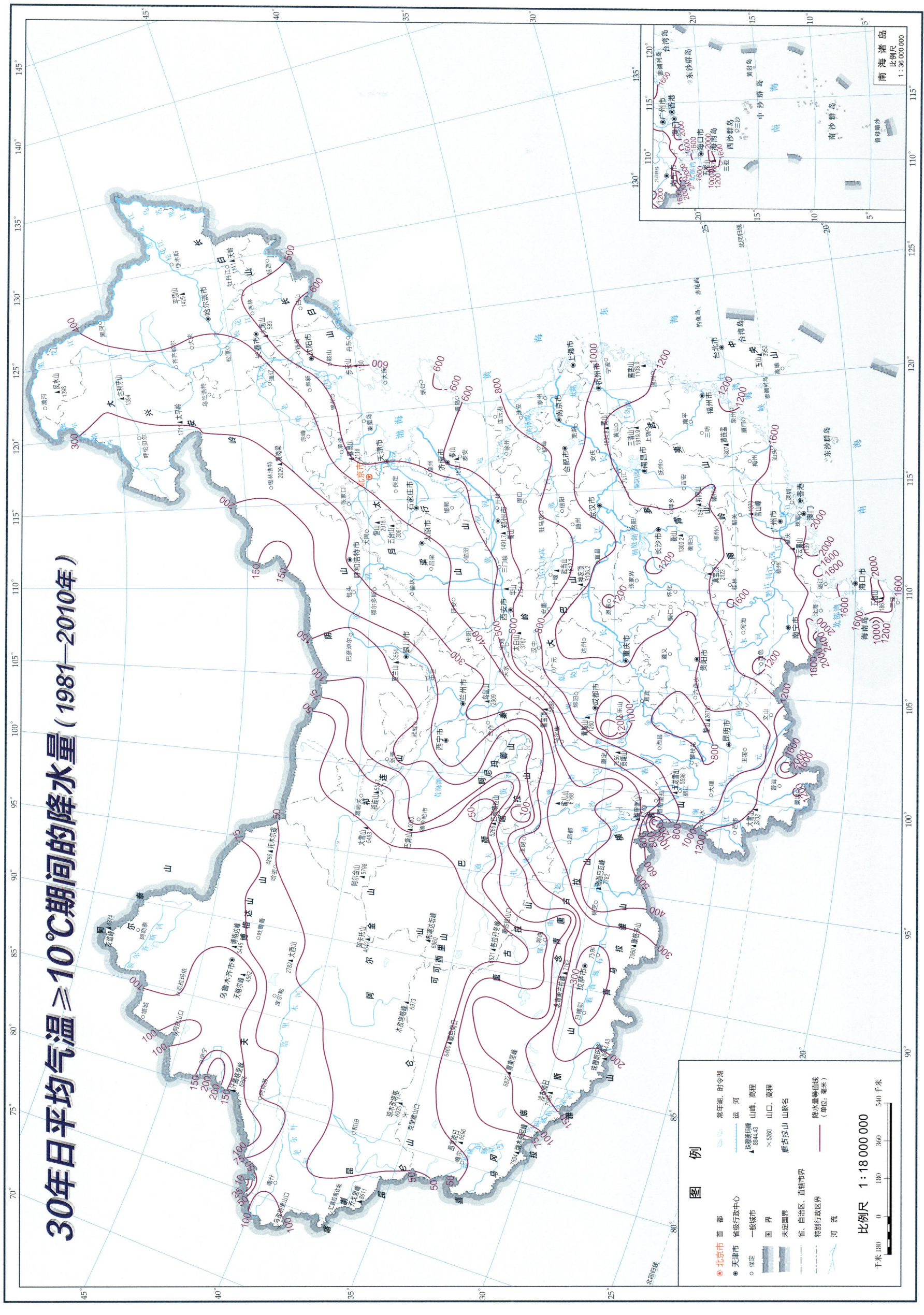

30年日平均气温≥15℃期间的降水量（1981—2010年）

30年平均春季降水量相对变率（1981—2010年）

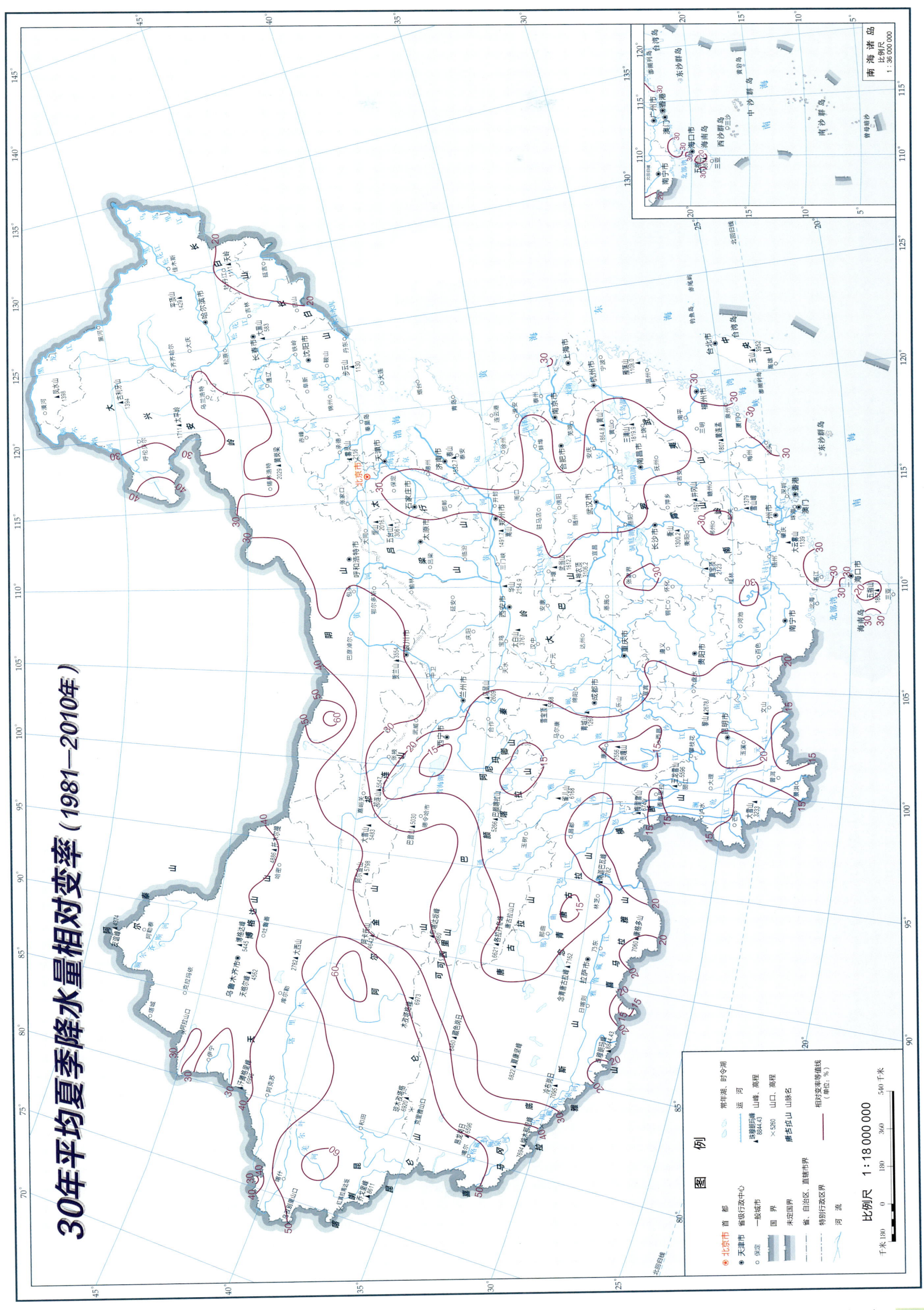

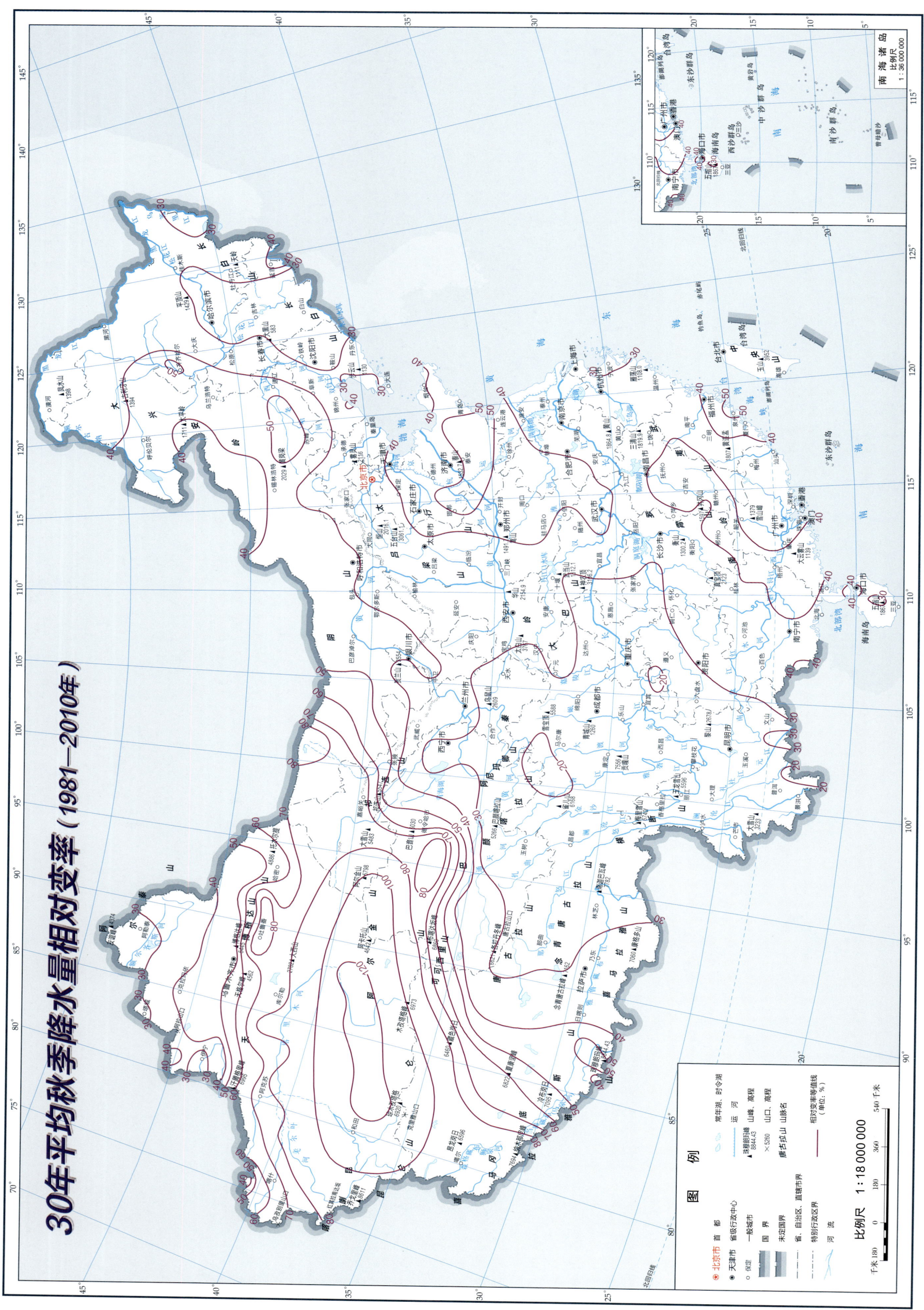

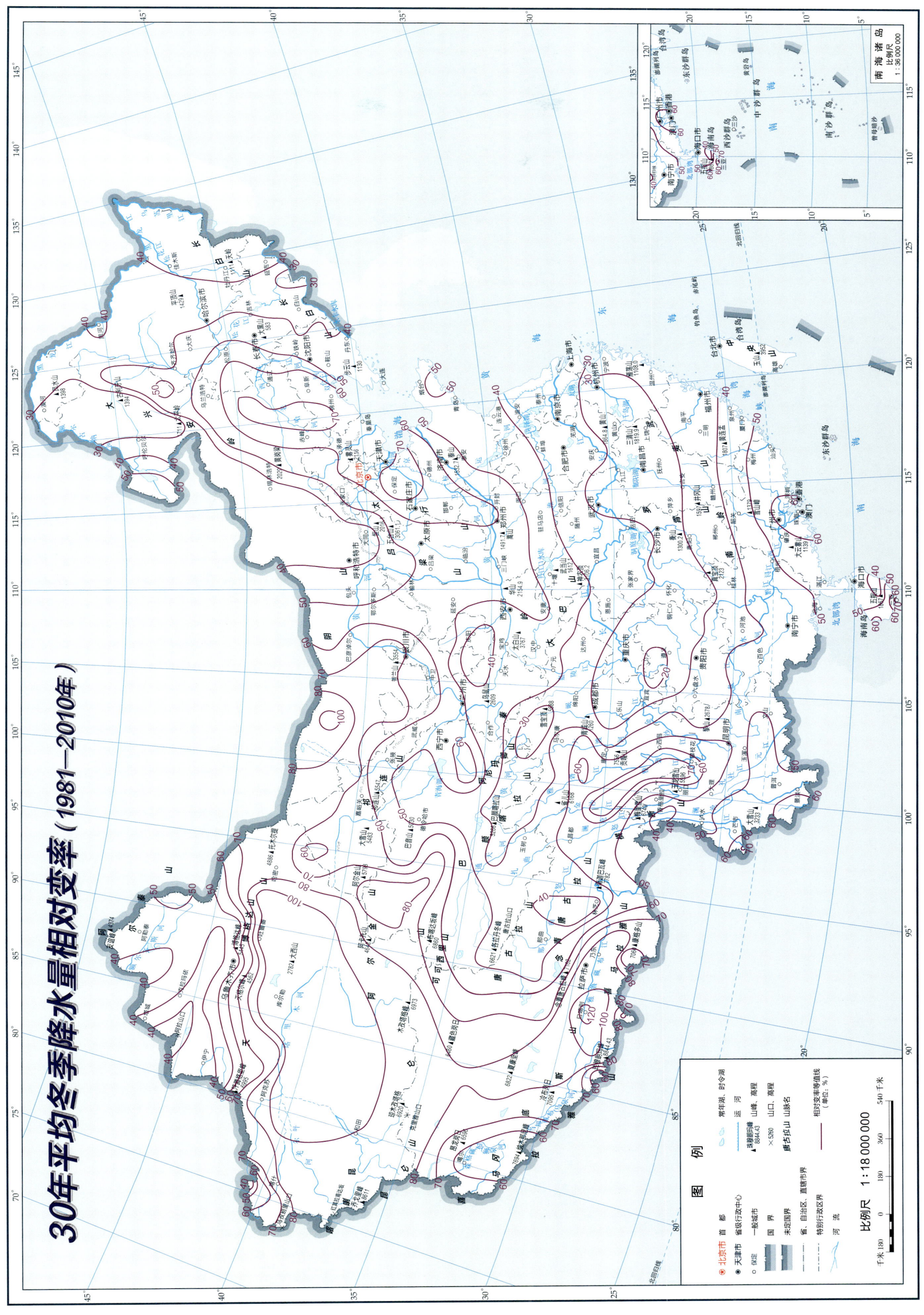

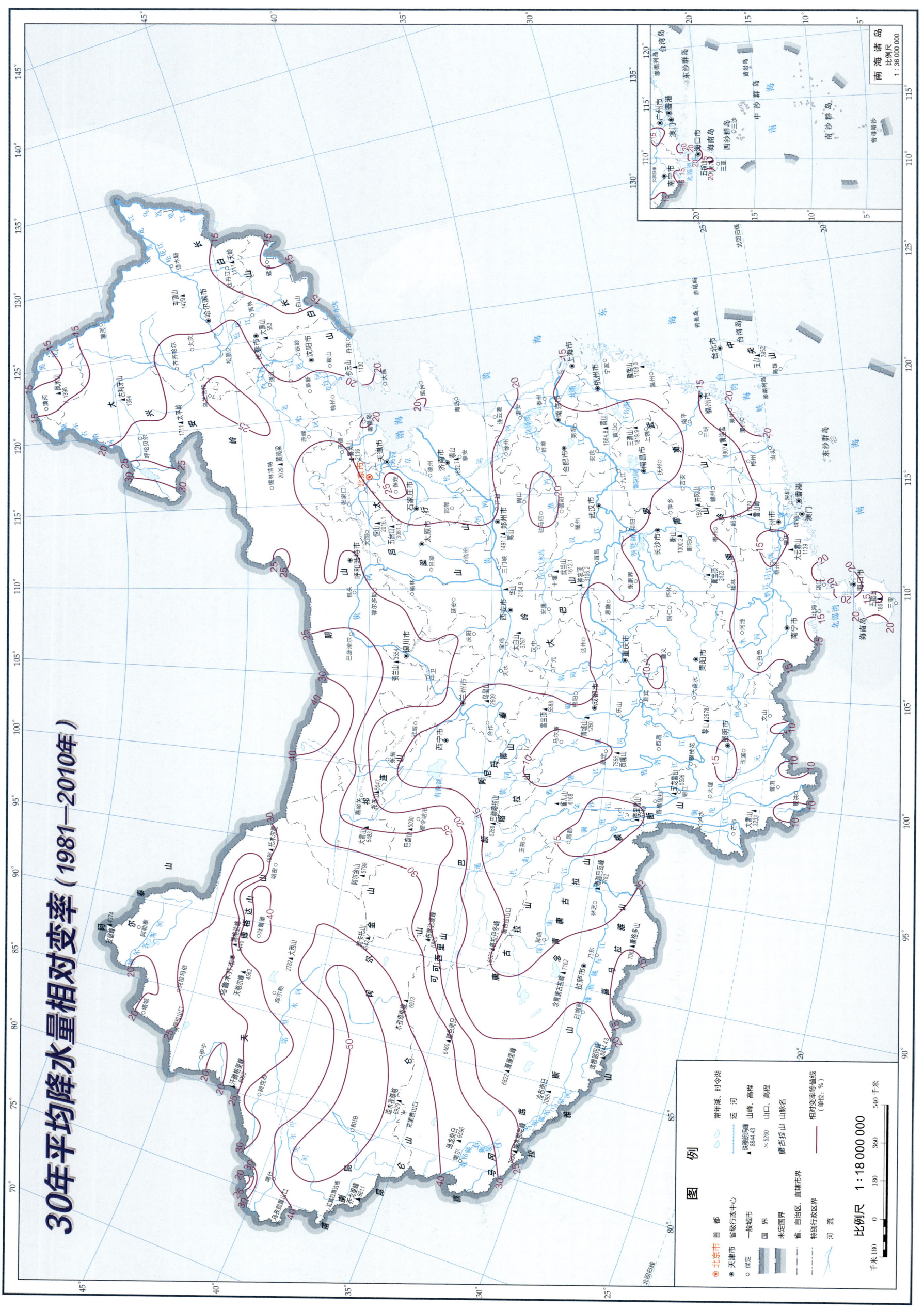
30年平均降水量相对变率（1981—2010年）

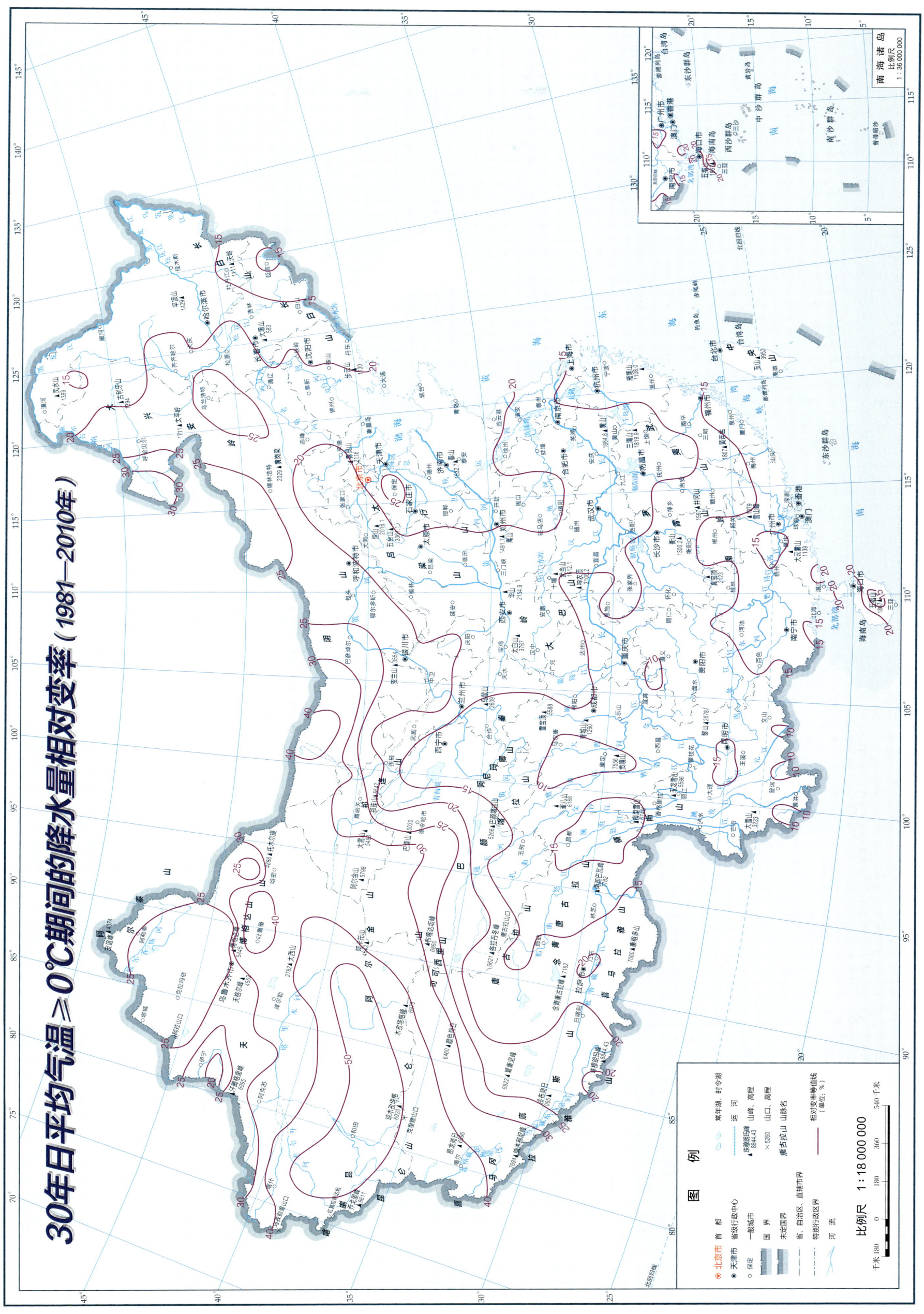

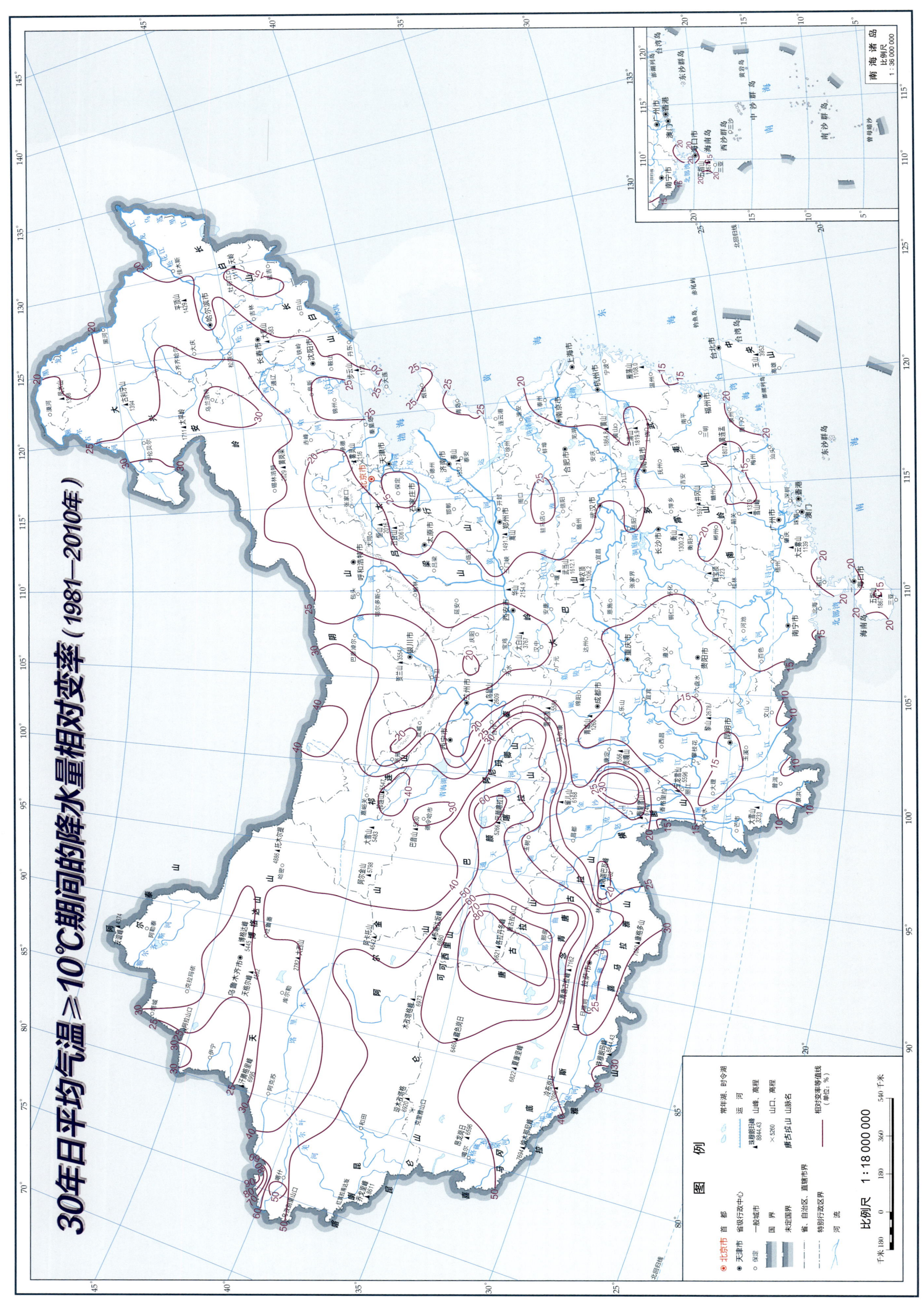

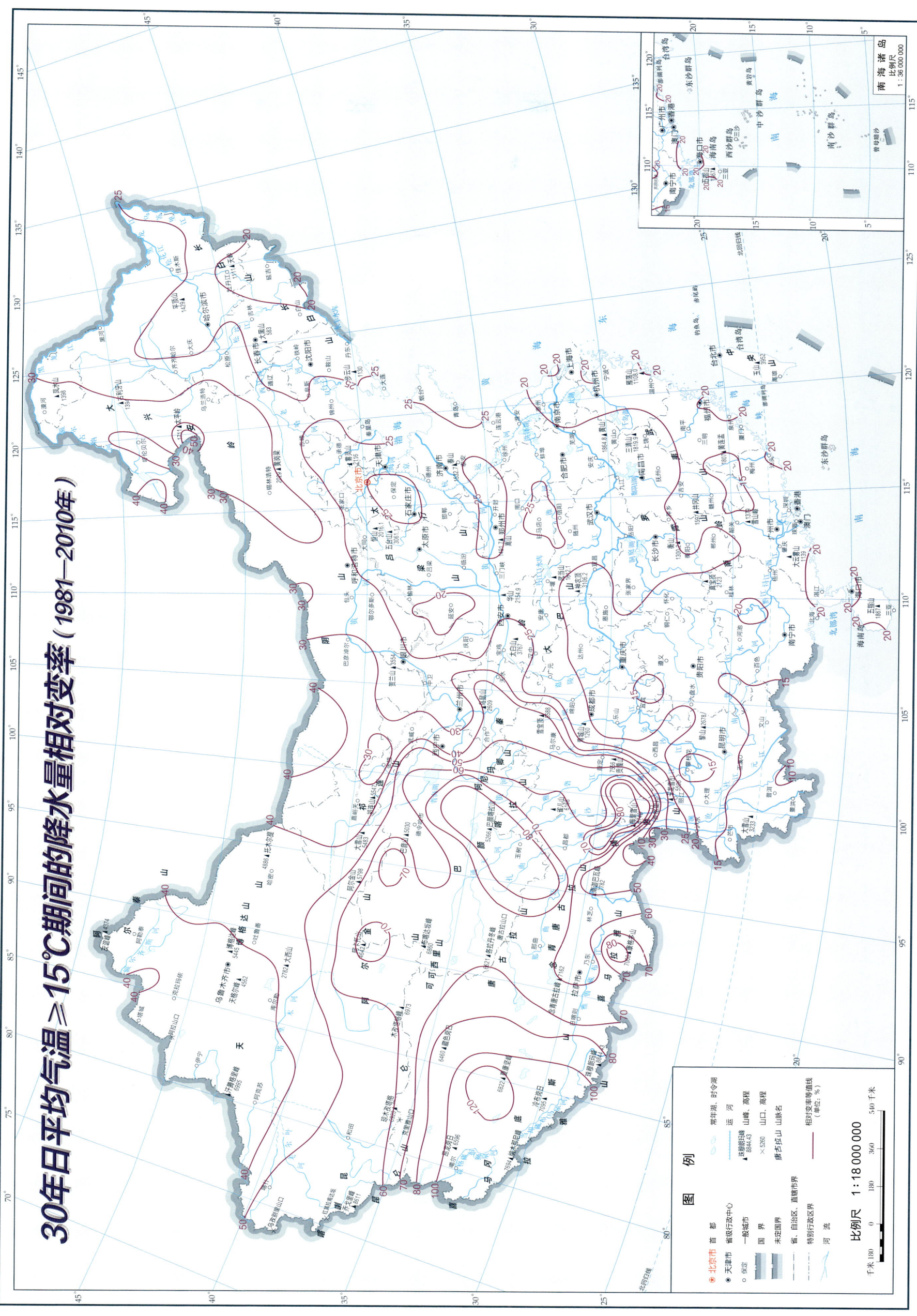
30年日平均气温≥15℃期间的降水量相对变率（1981—2010年）

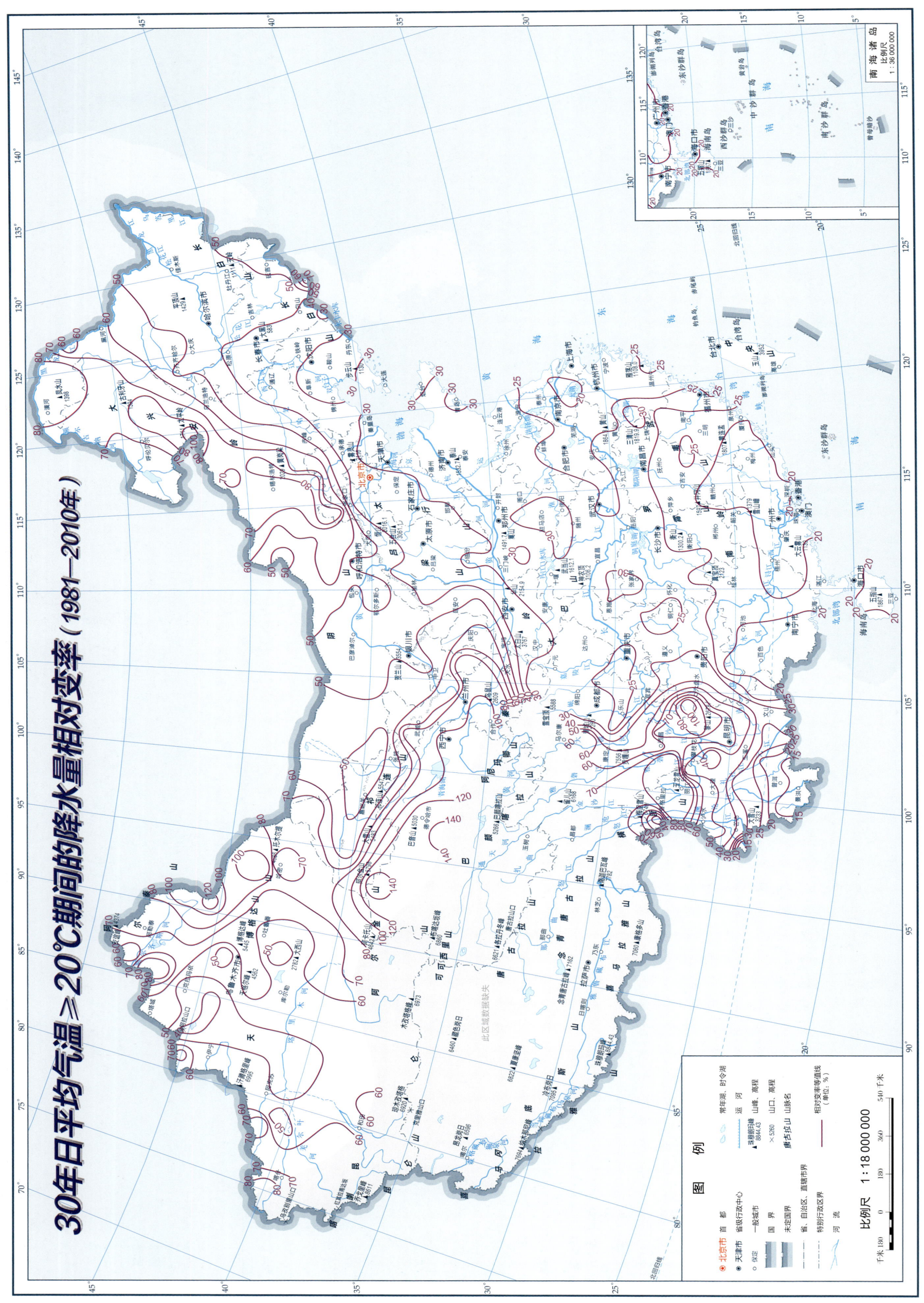

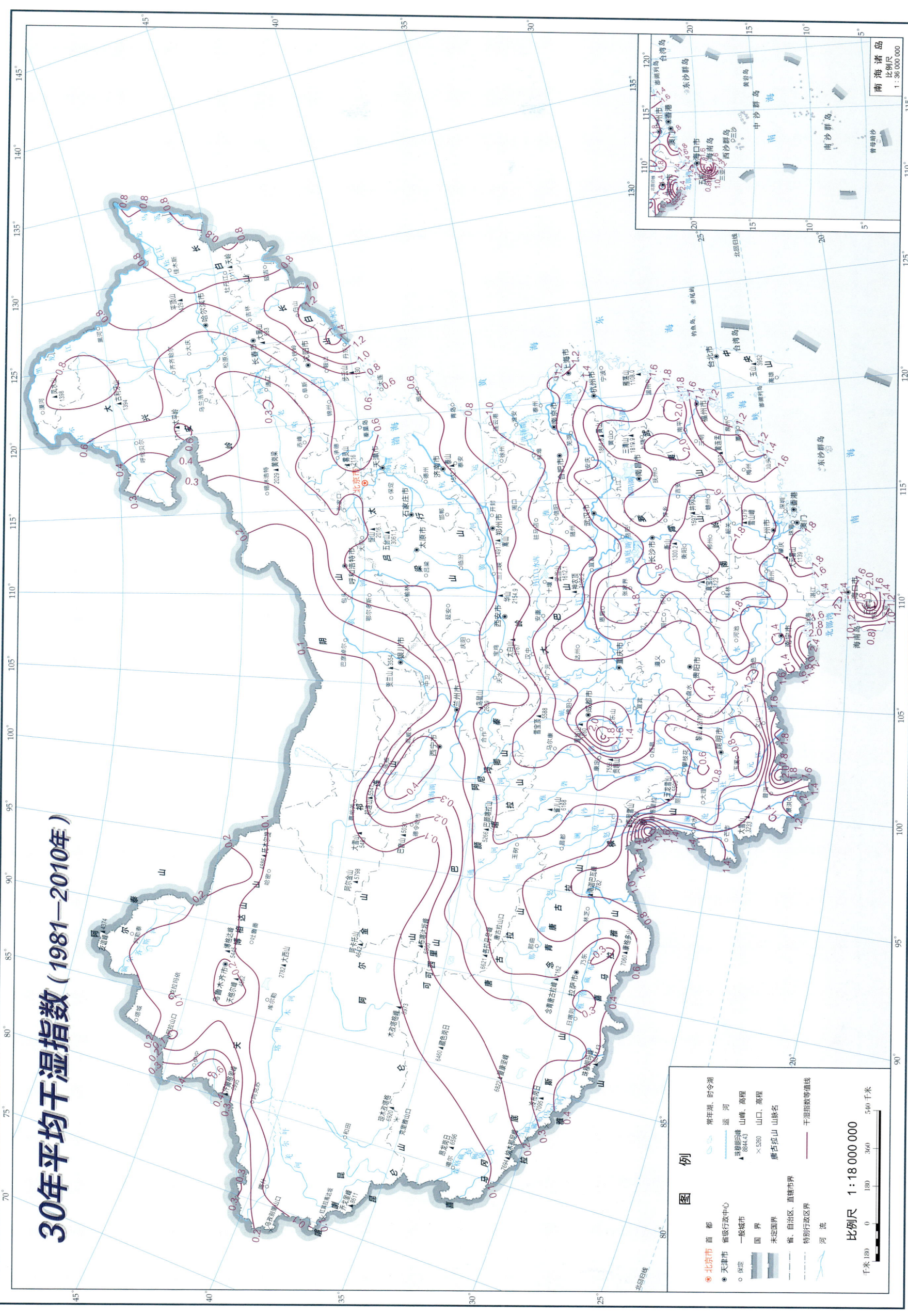

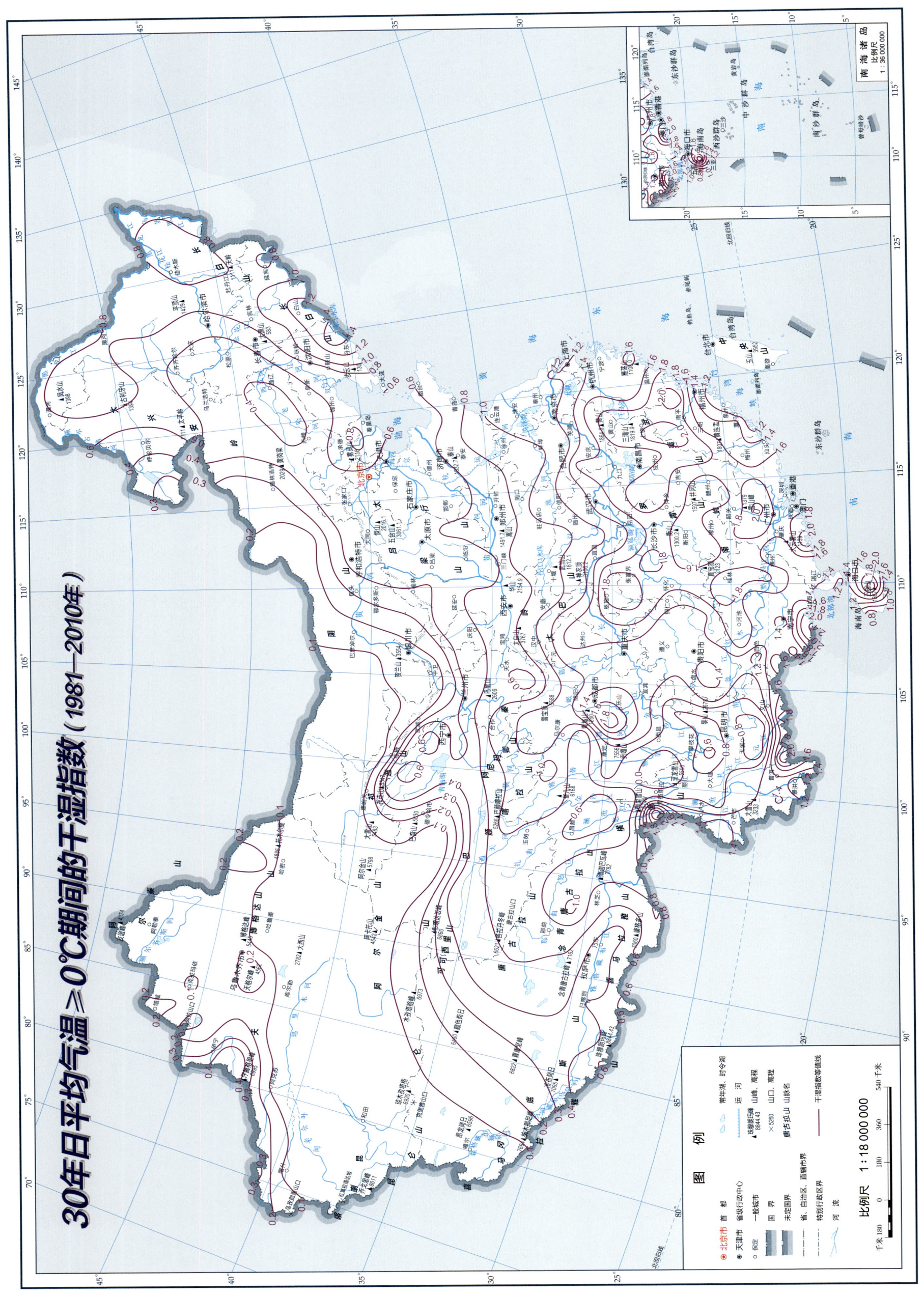

30年日平均气温≥10℃期间的干湿指数（1981—2010年）

30年日平均气温≥15℃期间的干湿指数（1981—2010年）

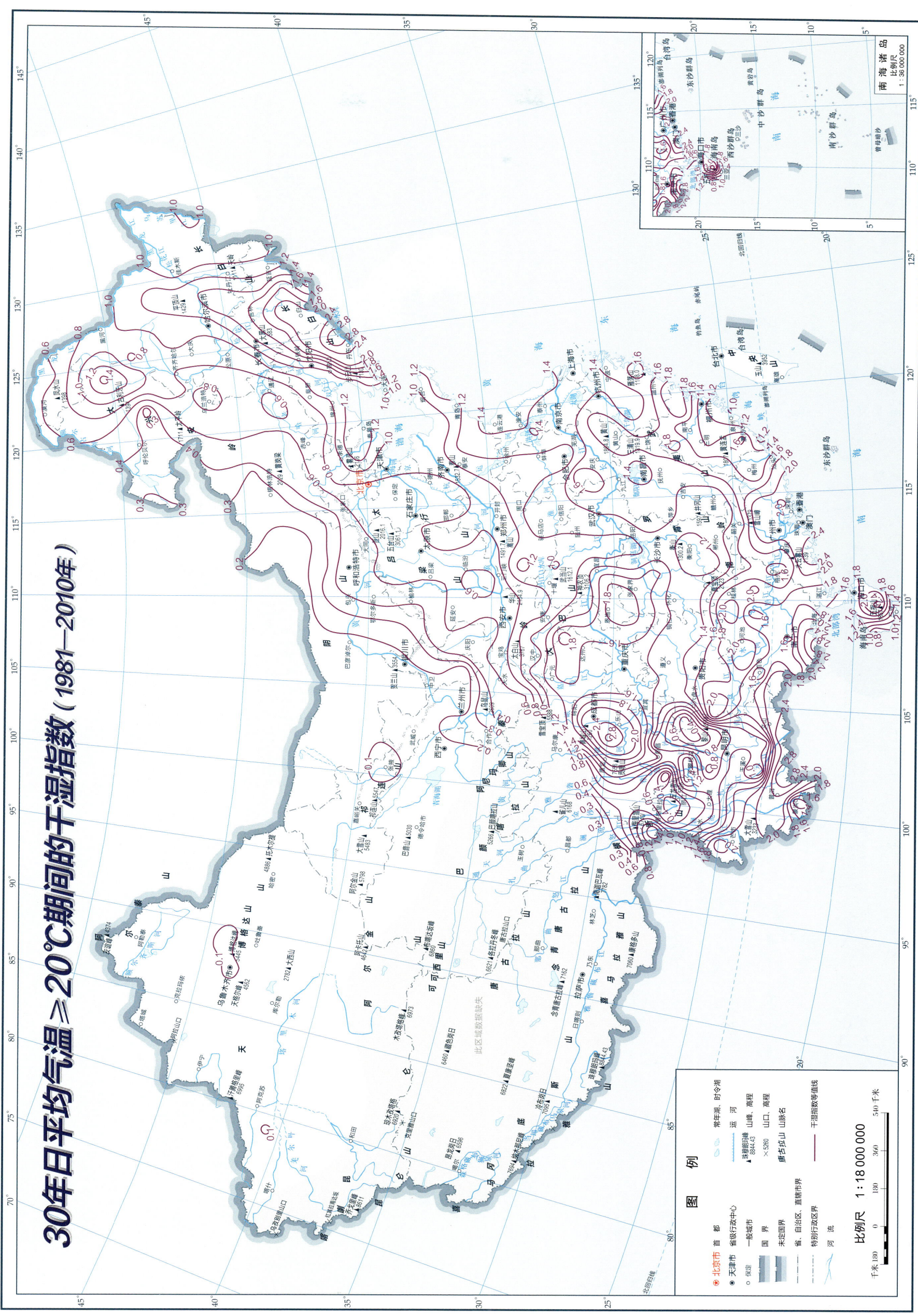

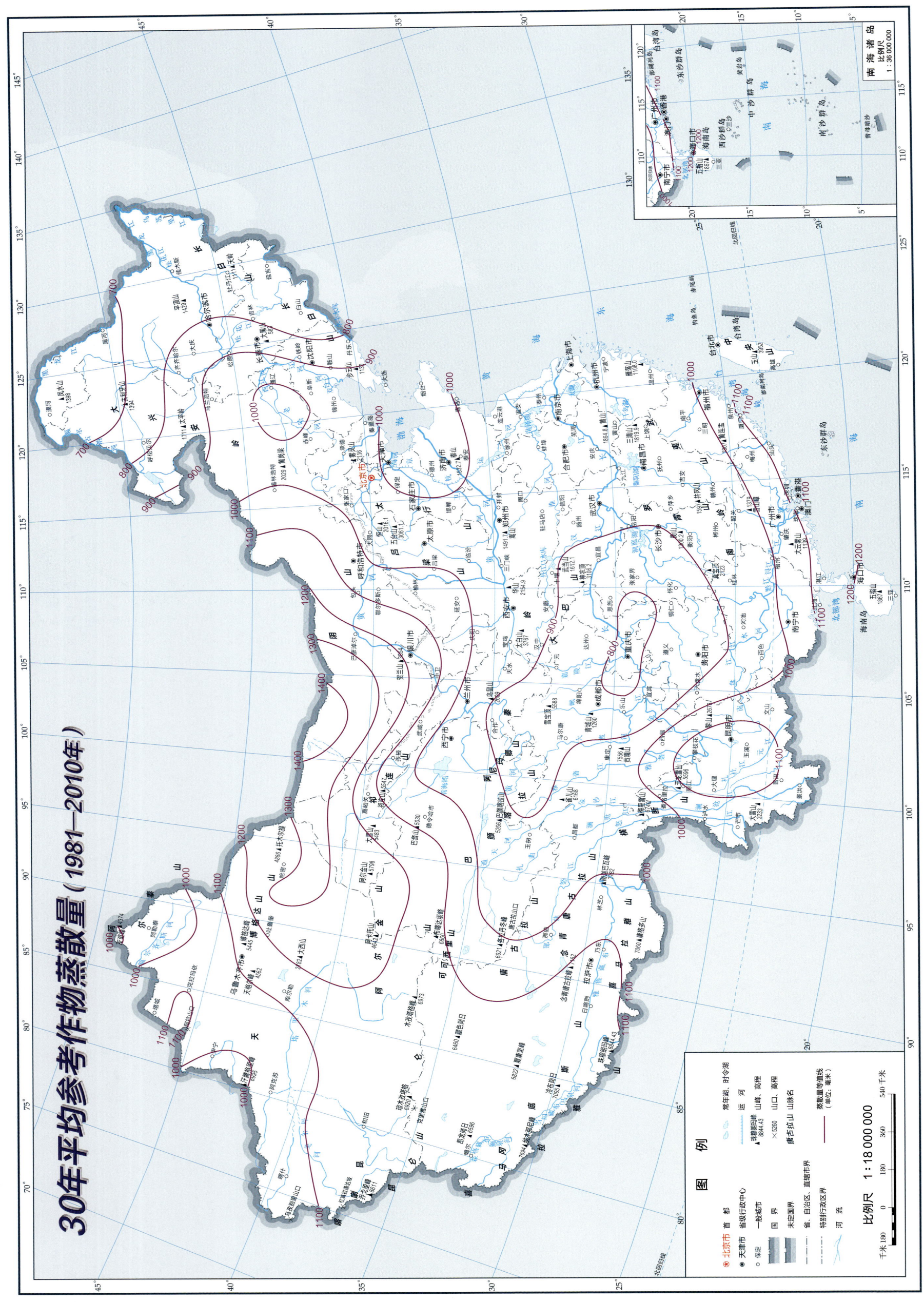

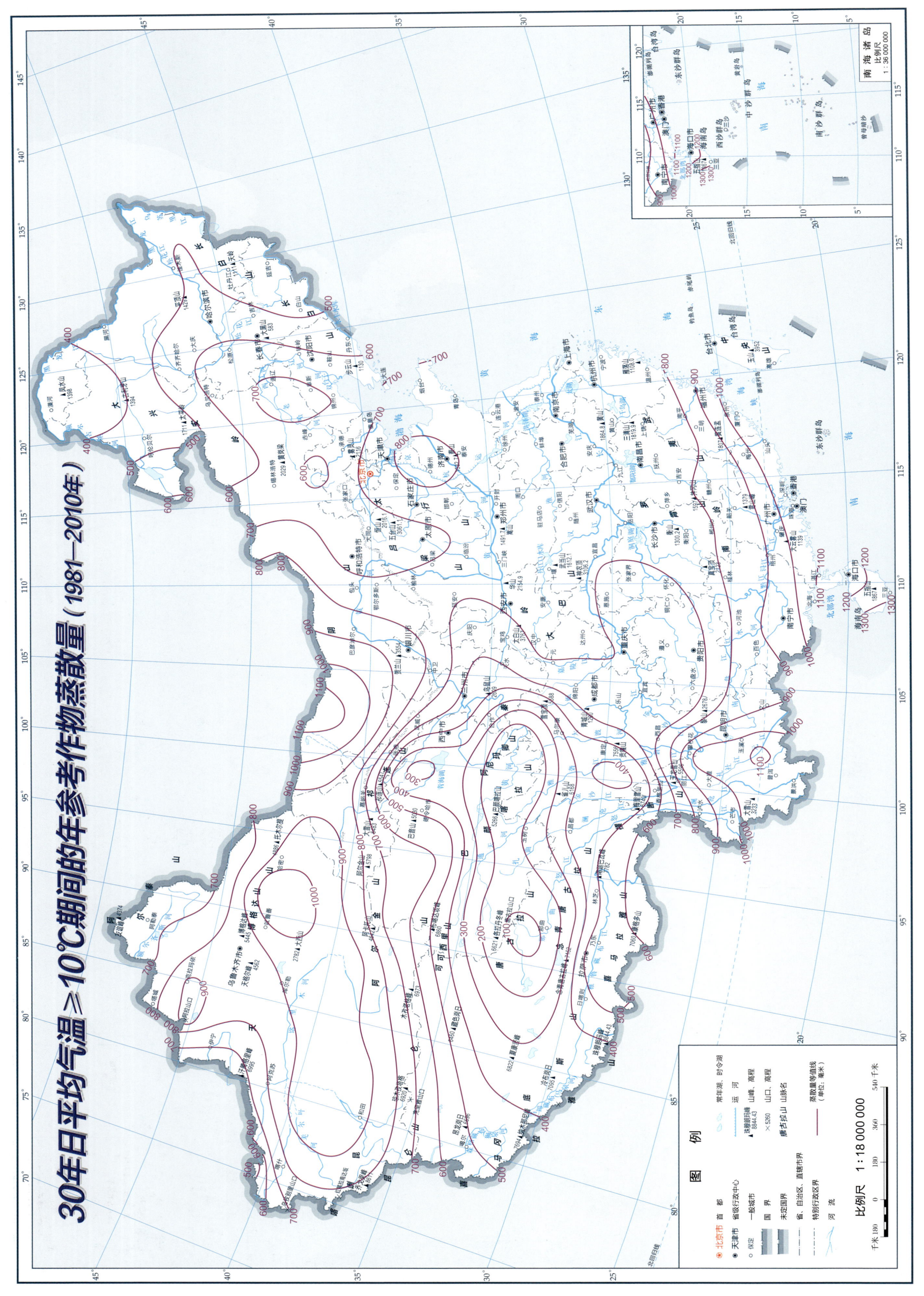

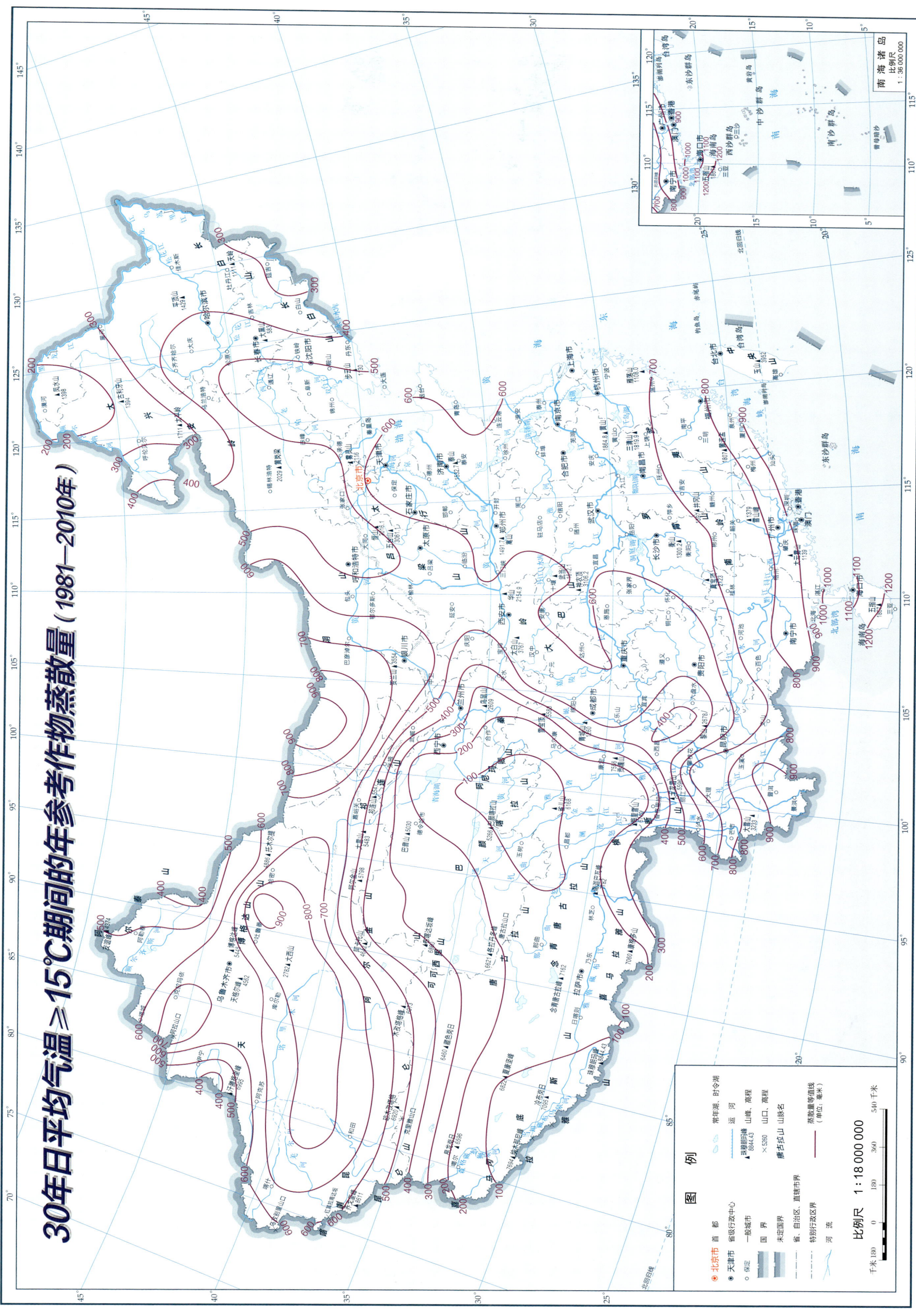
30年日平均气温≥15℃期间的年参考作物蒸散量（1981—2010年）

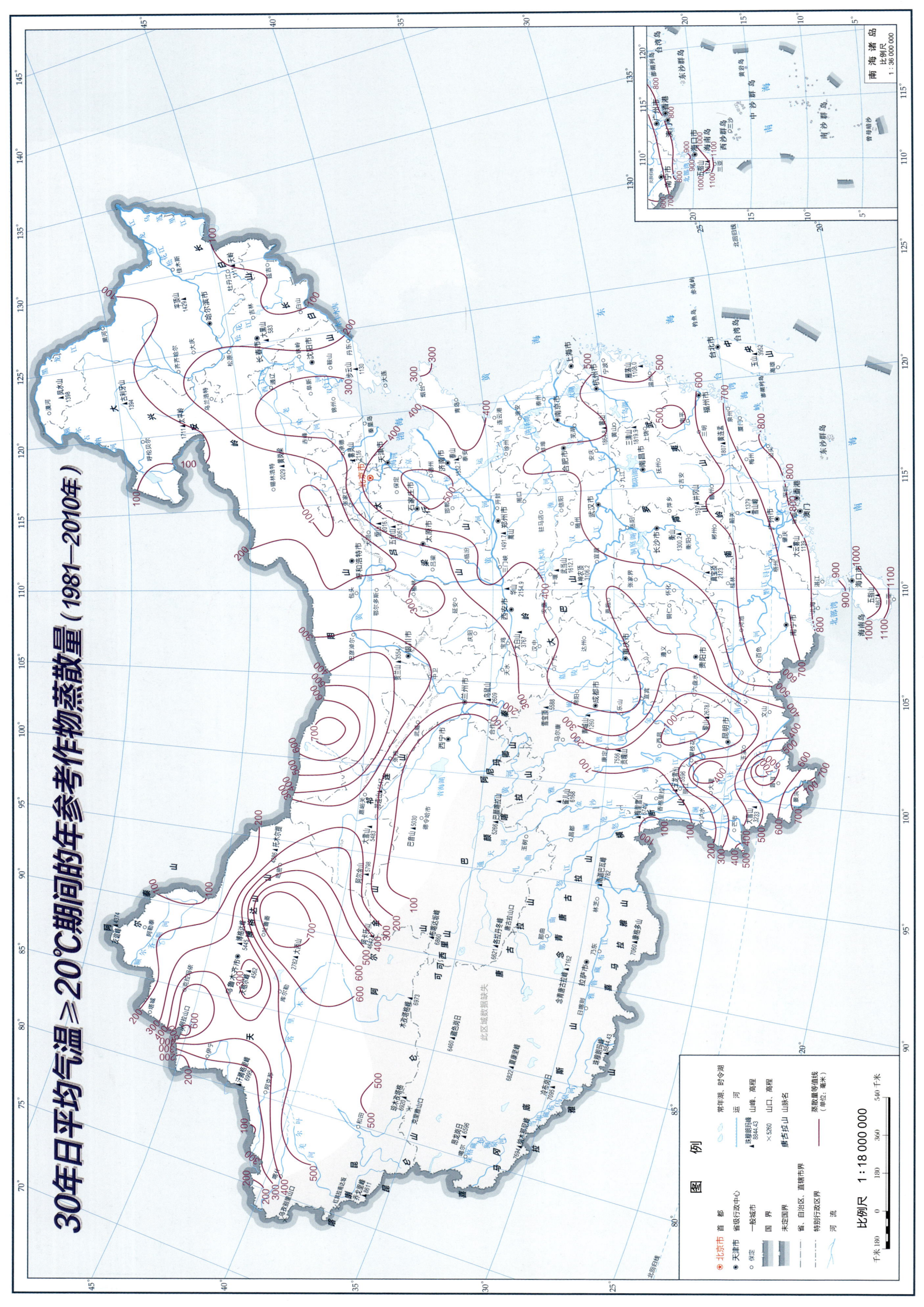

30年日平均气温≥20℃期间的年参考作物蒸散量（1981—2010年）

30年平均空气相对湿度（1981—2010年）